U0242323

国家"十三五"重点研发计划项目成果（2018YFD0501100）

现代化商品猪场设计案例
图　集

XIANDAIHUA SHANGPIN ZHUCHANG SHEJI ANLI TUJI

施正香　主编

中国农业出版社
北　京

编　写　人　员

主　编　施正香

副主编　高继伟　李　浩　韩　华

编　者　施正香　高继伟　李　浩　韩　华　齐　飞　黄仕伟

　　　　　　王　雷　王朝元　刁小南　席　磊　彭英霞　戴雨珊

　　　　　　陶胜男　黄金军　陈　刚　赵学东　赵剑荣　雷隽卿

　　　　　　王　琦　陈　冲　张利斌　范淋佳　张　娜　刘燕荣

　　　　　　邹淑琴

主　审　李保明

技术支持单位

　　　中国农业大学

　　　北京京鹏环宇畜牧科技股份有限公司

　　　农业农村部设施农业工程重点实验室

　　　北京市畜禽健康养殖环境工程技术研究中心

　　　河南牧业经济学院

　　　湖北钟祥聚龙德心生态农牧有限公司

　　　新希望六和股份有限公司发展建设部设计管理中心

　　　河南省畜牧总站

前　言

　　区域的气候条件和舍内环境对养猪生产影响极大，科学开展不同气候区商品猪舍的建筑、工艺和环境设计具有十分重要的意义。"十三五"期间，国家重点研发计划项目"优质商品猪高效安全养殖技术应用与示范"（2018YFD0501100）将商品猪场设计图集作为一项重点工作任务列入计划。为此，中国农业大学组织有关专家，总结和借鉴国内外福利化养猪工艺模式及其相应技术、设施、设备开发的经验，结合我国不同区域的气候、经济、社会和技术条件进行大量的调查研究，历时两年编写了本图集，旨在为商品猪舍科学设计提供参考依据，提高我国商品猪舍设计与建造的标准化水平。

　　本图集主要内容分为三部分：第一部分介绍现代化猪舍环境设计基本原理与方法，提出猪舍所需通风量和采暖负荷的设计依据；第二部分以我国东北、华北、西北、华中、华东、华南、西南七个区域的代表性商品猪舍设计为案例，系统梳理每个案例的区位特征、工艺设计、栏位设计、环境设计等的要点，并提供工艺、建筑、设备（生产、环控、给排水、电气）的设计参考图；第三部分是根据现代化猪场建设中不断强化的工程防疫要求，提出猪场洗消中心的设置、建设规模和内容、建筑及结构基本要求，以及车辆洗消流程要求，提供猪场洗消房、烘干房的设计样例。

　　本图集的编制得到了中国农业大学、北京京鹏环宇畜牧科技股份有限公司、农业农村部设施农业工程重点实验室、北京市畜禽健康养殖环境工程技术研究中心、河南牧业经济学院、湖北钟祥聚龙德心生态农牧有限公司、新希望六和股份有限公司发展建设部设计管理中心、河南省畜牧总站等大力帮助。全书由中国农业大学施正香教授负责统稿，农业农村部设施农业工程重点实验室主任、中国农业大学李保明教授对图集进行审阅。图集的取材主要源于北京京鹏环宇畜牧科技股份有限公司的设计案例及"十三五"期间国家重点研发计划项目"商品猪生产工艺、环境与工程配套技术集成与示范"（2018YFD0501103）的研究成果。值此图集出版之际，谨向合作单位及为本图集出版提供帮助的专家一并致以最诚挚的感谢！

　　编写能反映我国畜牧工程建设区域特色、阶段特点与实践需求的设计图集，是我国畜牧工程界长期以来的心愿，本图集做了首次尝试。限于篇幅，本图集中每个气候类型区仅提供一个案例。猪场工程设计是一项复杂的系统工程，涉及面广，在数据整理及图集编制过程中出现不足及遗漏在所难免，殷切希望广大同仁及读者不吝赐教和批评指正，以便于今后修订和不断完善，更好地为促进行业发展贡献绵薄之力。需要特别指出的是，本图集仅作为商品猪舍工艺设计、方案设计和初步设计时的参考资料，不能直接作为工程施工图纸应用。

2021 年 8 月

目 录

前言

目 录

第一部分
现代化猪舍建筑环境设计基本原理与方法

一、猪舍建筑设计原则

猪舍是养猪场最主要的生产设施，其设计的合理性，对充分发挥猪的潜在生产性能、猪舍内小气候环境、猪场工程投资、生产安全和建筑使用年限等有重要影响。猪舍建筑设计应遵循以下原则：

1. 首先满足动物本身生长发育和生产要求

猪舍设计要充分考虑猪的生物学特性和行为习性，为猪的生长发育创造适宜的环境条件，确保猪的健康和生产性能的充分发挥。

2. 符合现代化养猪生产工艺要求

现代规模化猪场是按照科学的生产工艺流程进行高效率、高密度、高品质生产，同时在生产中因饲养品种、饲养日龄、生长发育强度、生理状况、生产方式的差异，对生产环境条件、设施与设备、技术的要求都有所不同。使得猪舍在建筑形式、空间需求及其组合、构造措施和建筑布局上，与工业与民用建筑有很大不同。猪舍设计要满足专门的生产工艺要求，根据区域与发展阶段条件留有余地，不断满足机械化、自动化、智能化要求，提高劳动生产率，利于集约化经营与现代化管理。

3. 有利于各种适宜技术的应用

要根据猪舍建筑空间需求特点，合理选择和运用建筑材料，确定适宜的建筑形式和构造方案，使猪舍坚固耐久、建造方便和利于各种环境调控技术的实施，为猪只提供舒适的环境条件。

4. 经济实用

猪舍设计应根据当地的技术经济水平和气候条件，因地制宜，尽量就地取材；在满足先进生产工艺前提下，节省劳动力、节约材料和减少投资。

二、猪舍建筑环境设计基本原理与方法

猪舍内的温热和气体环境显著影响猪的生长发育性能，不良环境会影响猪只生长发育、降低猪只生长性能、甚至导致疾病，进而影响生产经济效益。猪舍内的环境受到舍外环境（温度、湿度及气体条件）、舍内热湿及气体产生源、通风与供暖环境控制、建筑围护结构的材料热工参数以及建筑构造措施等因素共同影响。其中，对猪舍所需通风量和采暖负荷进行科学合理计算，是猪舍环境控制设计的基础依据。

（一）猪舍通风量计算

猪舍通风量的计算依据是进行猪舍能质（热量、湿度、CO_2 浓度）平衡计算，选择三者所需通风量中的最大值。

1. 热量平衡

猪舍热量平衡方程式为：

$$Q_s + Q_m + Q_h = Q_w + Q_v + Q_e \tag{1}$$

式中：Q_s 为猪只显热散热量；Q_m 为各种设备发热量，其数值一般不大，忽略不计；Q_h 为外加采暖的补充热量，在计算夏季通风时此项为 0；Q_w 为通过外围护结构传递的建筑耗热量；Q_e 为猪舍内因水分蒸发消耗的显热量，由于较难准确计算，一些资料中的畜禽产生显热已考虑了此项，一般不单独计算。因此，通风耗热量计算公式可化简为：

$$Q_v = Q_s - Q_w \tag{2}$$

猪舍围护结构散热量计算公式为：

$$Q_w = \sum \varepsilon_i K_i S_i \delta_i (t - t_0) \tag{3}$$

式中：ε_i 为围护结构传热系数的修正系数；K_i 为围护结构的传热系数，W/(m²·K)；S_i 为围护结构的传热面积，m²；δ_i 为温差修正系数，本研究中取值为 1；t 为舍内计算温度，℃；t_0 为舍外计算温度；$i=1，2，\cdots，7$，为不同朝向下的围护结构。

在春秋过渡季节及炎热的夏季，猪群的显热散热是密闭式商品猪舍内唯一热源，根据 CIGR 显热产热与总产热关系模型有：

$$Q_s = \{0.8 [1000+12 (20-t)]-0.38t^2\} \frac{Q_{t,20}}{1000} \tag{4}$$

式中：$Q_{t,20}$ 为 20℃下商品猪总产热量，W。

公式（4）中，当环境温度不为 20℃时，Q_t 的取值应根据式（5）进行修正：

$$Q_t = 5.09m^{0.75}+[1-(0.47+0.03m)] [n \times 5.09m^{0.75}-5.09m^{0.75}] \times 0.8 [1000+12 \times (20-t)] \tag{5}$$

式中：Q_t 为猪的总产热量，W；m 为猪的体重，kg；n 为猪每日摄入的饲料总能与维持净能的比值，取值受猪的品种及体重的影响，通常取 3。

根据公式（2）~（5），得到不同设计温度下猪舍内所需排出的多余热量，如这部分热量通过通风排除，即通风耗热量，再根据通风耗热量计算下面公式，可以求出猪舍通风量：

$$V_a = \frac{Q_v}{\rho_a c_p (t_2-t_1)} \tag{6}$$

式中：V_a 为热平衡下猪舍通风量，m³/h；ρ_a 为热平衡计算下的空气密度，通风量按进风量计算时取 $\rho_a=353/(t_1+273)$，通风量按排风量计算时取 $\rho_a=353/(t_2+273)$，kg/m³；t_1 为进风口温度，℃；t_2 为排风口温度，℃；c_p 为空气的定压比热容，取 $c_p=1030$J/(kg·℃)。

2. 湿度平衡

准确地计算舍内的相对湿度，进而调控舍内湿度在合理阈值内，对于预防商品猪产生冷热应激尤为重要。商品猪舍内湿气产生满足模型：

$$F = \frac{Q_l}{r}Y \tag{7}$$

式中：F 为猪舍内的猪群潜热蒸发产湿量，g/h；Q_l 为猪的潜热产热，等于总产热减显热产热量，W；r 为水汽蒸发的效率值，0.68（W·h）/g；Y 为舍内猪的头数，头。

在实际生产的猪舍内，不只有舍内猪群潜热耗散的水分，还有舍内壁面蒸散产生的水分，约占总产生量的 20%。因而舍内总体产湿量：

$$F_t = 1.2F \tag{8}$$

式中：F_t 为舍内总体产湿量，g/h；F 为猪舍内的猪群潜热蒸发产湿量，g/h。

利用通风排除舍内多余水汽，是冬季调节猪舍内空气质量的重要手段，通风排除的水汽量满足模型：

$$F_v = 3.6 \times 10^6 V \rho_w (d-d_0) \tag{9}$$

式中：F_v 为商品舍通风排除的水汽量，g/h；V_w 为湿度平衡下商品猪舍内的通风量，m³/h；ρ_w 为湿度平衡下的空气密度，$\rho_w=353/(t+273)$，kg/m³；d 为舍内空气含湿量，kg/kg；d_0 为舍外空气含湿量，kg/kg；3.6×10^6 为单位转化系数 1kg/s=3.6×10^6g/h。

当舍内相对湿度一定时，通过通风的湿气耗散可按式（10）进行计算：

$$F_v = F_t \tag{10}$$

利用公式（10）的舍内水汽平衡模型，可在已知通风量状态下计算出目标猪舍舍内的相对湿度，也可通过设定相应的相对湿度阈值，推算出舍内适宜通风量。

3. CO₂ 浓度平衡

舍内 CO_2 浓度稳定时的平衡模型：

$$1.796V_c (C-C_0) = \frac{0.185 \cdot A_d \cdot Q_t}{1000} Y \tag{11}$$

式中：V_c 为猪舍内的通风量，m³/h；C 为舍内的 CO_2 浓度，mg/m³；C_0 为舍外的 CO_2 浓度，mg/m³；1.796 为 25℃下的单位转换系数；A_d 为商品猪日活动量修正系数。日活动量修正系数 A_d 可通过下式计算获得：

$$A_d = 1-a \cdot \sin\left[\left(2 \times \frac{\pi}{24}\right) (h-6-h_{min})\right] \tag{12}$$

式中：a 为常量，表示日产生量的振幅；h 为时间点（24h 制的时间点，表示距 0:00 的时长），h_{min} 为全天日活动量最小时间点。查表得此处 a 为 0.43，$h_{\min}$ 为 1.3。

猪舍所需通风量取热、湿、CO_2 平衡计算中所需通风量的最大值。

（二）猪舍供暖负荷计算

在冬季，随着舍外温度降低，舍内外温差逐渐加大，猪舍的通风散热及围护结构散热量加大，当猪舍内猪群的显热产热量小于建筑围护结构耗热量及通风散热量时，则需要给猪舍提供额外热量，以维持舍内热量平衡，保证舍内温度不低于低限温度。其采暖负荷满足以下模型：

$$Q_\mathrm{p}=Q_\mathrm{w}+C_\mathrm{p}\rho_\mathrm{w}\Delta tV_{\min}-Q_\mathrm{s}\times Y \tag{13}$$

式中：Q_p 为舍内供暖负荷，W；Q_s 为舍内低限温度下的显热产热量，W；Y 为舍内猪的数量，头；Q_w 为建筑外围护结构传热散热量，W；C_p 为空气定压比热容，$C_\mathrm{p}=0.28$（W·h）/（kg·℃）；ρ_w 为空气密度，$\rho_\mathrm{w}=353/(t+273)$，kg/m³；$\Delta t$ 为舍内低限温度与舍外温度差，℃；$V_{\min}$ 为冬季最小通风量，m³/h。

（三）猪舍热环境设计参数取值

各类猪舍的环境设计参数取值可参照表 1-1。

表 1-1　猪舍热环境设计参数

猪舍	空气温度/℃			相对湿度/%		
	舒适范围	高临界	低临界	舒适范围	高临界	低临界
种公猪舍	15～20	25	13	60～70	85	50
空怀妊娠母猪舍	15～20	27	13	60～70	85	50
产仔母猪舍	18～22	27	16	60～70	80	50
哺乳仔猪保温箱	28～32	35	27	60～70	80	50
保育猪舍	20～25	28	16	60～70	80	50
生长育肥猪舍	15～23	27	13	65～75	85	50

1. 表 1-1 中哺乳仔猪保温箱温度是仔猪 1 周龄以内的临界温度范围，2～4 周龄时下限温度可降至 26～24℃。表 1-1 中其他数值均指猪床上 0.7m 处的温度和湿度。

2. 表 1-1 中的高、低临界值指生产临界范围，过高或过低都会影响猪的生产性能和健康状况。生长育肥猪的温度，在月份平均气温高于 28℃ 时，允许将上限提高 1～3℃，月份平均气温低于 -5℃ 时，允许将下限降低 1～5℃。

3. 在密闭式有采暖设备的猪舍，其适宜的相对湿度比上述数值低 5%～8%。

三、不同气候区猪舍建筑设计的基本要求

我国幅员辽阔，各区域气候差异悬殊，地形地势复杂，各地猪舍建筑应有着不同特点和要求。炎热地区需要加强通风、遮阳、隔热、降温，寒冷地区需要注意保温、防寒，沿海地区要防台风和防雨防潮，高原地区日照强烈，气候干燥。根据中国区域气候特点，全国建筑热工设计分区划分了严寒地区、寒冷地区、夏热冬冷地区、夏热冬暖地区、温和地区 5 类区域。在猪场设计时，充分掌握拟建地区的气候资料，做到因地制宜，选择适宜技术（表 1-2）。

表 1-2　建筑气候分区对建筑的基本要求

分区名称		热工分区名称	气候主要指标	建筑基本要求
Ⅰ	ⅠA ⅠB ⅠC ⅠD	严寒地区	1月平均气温≤-10℃；7月平均气温≤25℃；年平均相对湿度50%～70%	① 建筑物必须充分满足冬季保温、防寒、防冻等要求，并应考虑积雪及冻融危害； ② ⅠA、ⅠB区应防止冻土对建筑物地基和地下管道的危害，最大冻土深度ⅠA区为4.0m；ⅠB区为2.0～4.0m；ⅠC区为1.5～2.5m；ⅠD区为1.0～2.0m； ③ ⅠB、ⅠC、ⅠD区的西部，建筑物应防冰雹、防风沙

（续）

分区名称		热工分区名称	气候主要指标	建筑基本要求
Ⅱ	ⅡA	寒冷地区	1月平均气温−10～0℃；7月平均气温18～28℃；年平均相对湿度50%～70%	① 建筑物应满足冬季保温、防寒、防冻等要求，夏季部分地区应兼顾防热，最大冻土深度小于1.2m； ② ⅡA区建筑物应防热、防潮、防暴风雨。沿海地带应防盐雾侵蚀
	ⅡB			
Ⅲ	ⅢA	夏热冬冷地区	1月平均气温0～10℃；7月平均气温25～30℃；年平均相对湿度70%～80%	① 建筑物必须满足夏季防热、遮阳、通风降温要求，冬季应兼顾防寒； ② 建筑物应防雨、防潮、防洪、防雷电； ③ ⅢA区应防台风、暴雨袭击及盐雾侵蚀
	ⅢB			
	ⅢC			
Ⅳ	ⅣA	夏热冬暖地区	7月平均气温25～29℃；1月平均气温＞10℃年；平均相对湿度80%	① 建筑物必须充分满足夏季防热、遮阳、通风、防雨要求； ② 建筑物应防暴雨、防潮、防洪、防雷击； ③ ⅣA区应防台风、暴雨袭击及盐雾侵蚀
	ⅣB			
Ⅴ	ⅤA	温和地区	7月平均气温18～25℃；1月平均气温0～13℃；年平均相对湿度60%～80%	① 建筑物应满足防雨和通风要求，应注意防潮、防雷击； ② ⅤA区建筑物应注意防寒，ⅤB区应特别注意防雷击
	ⅤB			
Ⅵ	ⅥA	严寒地区	7月平均气温＜18℃；1月平均气温−22～0℃；年平均相对湿度30%～70%	① 建筑物应充分满足防寒、保温、防冻的要求，最大冻土深度2.5m； ② ⅥA、ⅥB应防冻土对建筑物地基及地下管道的影响，并应特别注意防风沙； ③ ⅥC区东部建筑物尚应注意防雷击
	ⅥB	寒冷地区		
	ⅥC			
Ⅶ	ⅦA	寒冷地区	7月平均气温≥18℃；1月平均气温−22～−5℃；年平均相对湿度35%～70%	① 建筑物必须充分满足防寒、保温、防冻要求； ② 除ⅦD区外，应防冻土对建筑物地基及地下管道的危害，最大冻土深度ⅦA区1.5～2.0m；ⅦB区0.5～4.0m；ⅦC区1.5～2.5m； ③ ⅦB区建筑物应特别注意积雪的危害； ④ ⅦC区建筑物应特别注意防风沙，夏季兼顾防热； ⑤ ⅦD区建筑物应注意夏季防热，吐鲁番盆地应特别注意隔热、降温
	ⅦB			
	ⅦC			
	ⅦD	严寒地区		

四、猪舍建筑环境设计主要参考依据

（一）规范标准

GB/T 7106—2008　建筑外门窗气密、水密、抗风压性能分级及检测方法

GB 51245—2017　工业建筑节能设计统一标准

GB/T 21086—2007　建筑幕墙

GB 50176—2016　民用建筑热工设计规范

（二）部分建筑材料热工参数

部分建筑材料热工参数见表1-3和表1-4。

表1-3　建筑材料热工参数

材料名称	干密度/kg/m³	导热系数/W/(m²·K)	蓄热系数/W/(m²·K)	修正系数（α）	
				α	使用部位
EPS板	20	0.041	0.37	1.20	外墙/热桥柱/热桥梁/热桥楼板
EPS板、膨胀聚苯板	20	0.042	0.36	1.20	屋顶
陶粒混凝土	1500	0.700	9.16	1.50	屋顶

表1-4　门窗热工参数

门窗类型	传热系数/W/(m²·K)	玻璃太阳得热系数	气密性等级
塑料型材的传热系数（K_f）＝2.7W/(m²·K) 窗框面积25% 6mm厚中透光玻璃＋12mm厚空气层＋6mm厚透明玻璃	2.00	0.39	6

第二部分
不同气候区商品猪舍建筑设计案例

一、黑龙江省抚远市某年出栏8万头生猪规模化猪场商品猪舍

1. 区位特点

该猪场位于黑龙江省抚远市，地处东经133°40′08″—135°5′20″，北纬47°25′30″—48°27′40″。拟建场地地形平坦，靠近水源，土质肥沃，草丰林茂，宜牧草原10.6万hm²，是发展畜牧业的天然牧场。

黑龙江是生猪生产和猪肉调出大省。2020年初，全省生猪存栏同比增长14.5%，能繁母猪存栏同比增长15.2%，外销比重由23%提高到39%。2020年底生猪均价为33.67元/kg。黑龙江省中大型猪场偏少，中小型猪场多，50~300头母猪的中小型猪场占60%以上。猪场设施设备较简单，大都采用钢结构猪栏饲养、人工喂料、人工干清粪、分娩猪舍与保育猪舍取暖的方式养猪。生猪养殖总体水平较低，每年每头母猪提供的断奶仔猪数量（PSY）平均水平为15~17头。

抚远市属于严寒地区，温带季风气候，降水特多，年日照时数偏少。该地年平均气温为3.5℃，冬季平均气温−19.2℃，夏季平均气温20.9℃，1月最低平均气温−25℃且极端低温−34℃，7月最高平均气温27℃且极端高温30℃；年均降水量662.7mm，冬季平均降水量16.1mm，夏季平均降水量442.2mm；年均日照时数2463h；无霜期超140d，最大冻土深度为2.0~2.2m。

本地区猪舍建筑要充分满足冬季保温、防寒和防冻等要求，并应考虑积雪和冻融等危害。

2. 工艺设计

本设计是一个年出栏8万头生猪自繁自育猪场配套的育肥猪舍项目（图2-1）。育肥猪舍为大群圈栏饲养，包括育成和育肥阶段（70~175日龄），其中70~120日龄是育成期，121~175日龄是育肥期，出栏体重为110~120kg。

图2-1　黑龙江抚远某猪场全貌

3. 建筑设计

猪舍长度52.40m、跨度26.48m，总面积1387.55m²，吊顶高2.60m，檐高3.90m，屋面坡度比为1:5，柱距6.55m。

以保温、防寒和防冻为设计要求，屋面采用0.5mm厚470压型钢板、双层100mm厚玻璃丝棉和50mm×

50mm 钢丝网。吊顶采用檩条和 150mm 厚岩棉夹芯板。墙体采用 240mm 厚 MU①10 页岩砖墙体，正负零以上 M②10 混合砂浆砌筑，正负零以下 M10 水泥砂浆砌筑。外贴 100mm 厚聚氨酯保温板。

每单元设一个 1.00m 宽的中间走道用于饲养人员的通行，一个 1.20m 宽的通廊连接两个单元舍，以便猪群的转移。两个单元舍与外墙之间各设一个 1.00m 宽的侧道，便于寒冷地区的冬季保温，利于进行侧墙进风和吊顶小窗通风，满足猪舍春秋季通风和冬季局部通风需求，降低通风量，在保温的前提下实现通风换气，适于东北地区的猪舍。

4. 栏位设计

猪舍单栋存栏量为 1344 头，饲养密度为 0.80m²/头，舍内划分 2 个单元，每单元共有猪栏 2 列，每列 14 个栏位，共计 28 个猪栏，每单元存栏 672 头育肥猪。单个栏位尺寸为 3.50m×5.50m，栏位面积为 19.25m²。

5. 排污设计

基于地区气候特点，猪舍的地板采用水泥漏缝地板和混凝土地暖地面相结合的模式，漏缝地板位于猪栏外侧，宽 3.00m，2% 坡度的混凝土地板位于猪栏内侧，宽 2.50m。猪在混凝土地板上休息，在漏缝地板上排泄，方便猪群分区管理。东北地区不应选择 V 形机械干清粪，宜采用尿泡粪方式。每列猪栏的漏缝地板下设置 800mm 深粪沟，粪沟底面保持水平、无坡度。利用挡墙划分粪沟区段，每个区段的粪沟下安装一个接头，接头处配备一个排粪塞，每个排粪塞所处的位置均比粪沟低 100mm，并在该处预留 1.00m×1.00m 的排粪坑。使用粪沟之前关闭排粪口，用水管在粪沟内灌入 100mm 深的水，并在使用期间注意粪污最高液面与漏缝地板之间保留至少 300mm 的距离。

6. 环境设计

该商品猪舍的适宜环境温度为 18~22℃。夏季主要采取纵向通风，通过风机产生的风冷效应使猪体感温度在合适的区间内，舍内设计风速 1.3m/s，每单元设 3 台 50 寸③风机、2 台 36 寸风机。考虑冬季保温问题，进风口外侧应增加隔墙或密封设计进行保温。冬季采取侧墙小窗和吊顶小窗进风，新风从侧墙小窗进入房舍过道，之后再进入吊顶，从吊顶进风窗到达猪舍内部，确保冷新风在房舍内有较长距离与舍内热空气混合后到达猪体周围，避免对猪产生冷应激。每单元设 24 个侧墙小窗排成一列、30 个的吊顶通风小窗均布成两列，并于侧道设一列吊顶进风口共 8 个，在靠东墙角处设一处 1.00m×1.00m 的检修口；为改善舍内气流场的均匀性，降低通风能耗，屋顶设 6 个 JP56 屋顶变速风机（图 2-2），每单元均布一列各三个，并在风机处预留直径 610mm 的洞口。春秋季根据舍内实际情况，自动调节开启小窗通风或纵向通风。冬季采用热水管地面采暖，在各列猪栏的实体地面下铺设间距 250mm 的热水管，并设计供回水温度为 50~60℃。

图 2-2　黑龙江抚远某猪场育肥舍屋顶风机

7. 特色设计

（1）冬季采用空气预热设计，确保严寒区域的冬季贼风不会进入猪舍，保证猪舍内的适宜温度。

（2）采用屋顶风机系统，根据冬季最小通风量变频运行，在满足保温的情况下确保舍内通风状况良好，同时减少能耗，保证排风的均匀性。

（3）采用种养结合的粪污资源化利用模式。猪舍清粪采用尿泡粪工艺，粪污经固液分离后，液体部分用黑膜袋贮 3~6 个月后进入氧化塘，作为液肥用于还田；固体部分制成有机肥就地消纳。配套的土地主要种植有机水稻。

---

① MU 是砌体结构中材料强度等级的标志符号。全书同。

② M 是水泥砂浆强度。

③ 50 寸风机，通常指 50 英寸风机。英寸（in）为我国非法定计量单位，1in≈2.54cm。——编者注

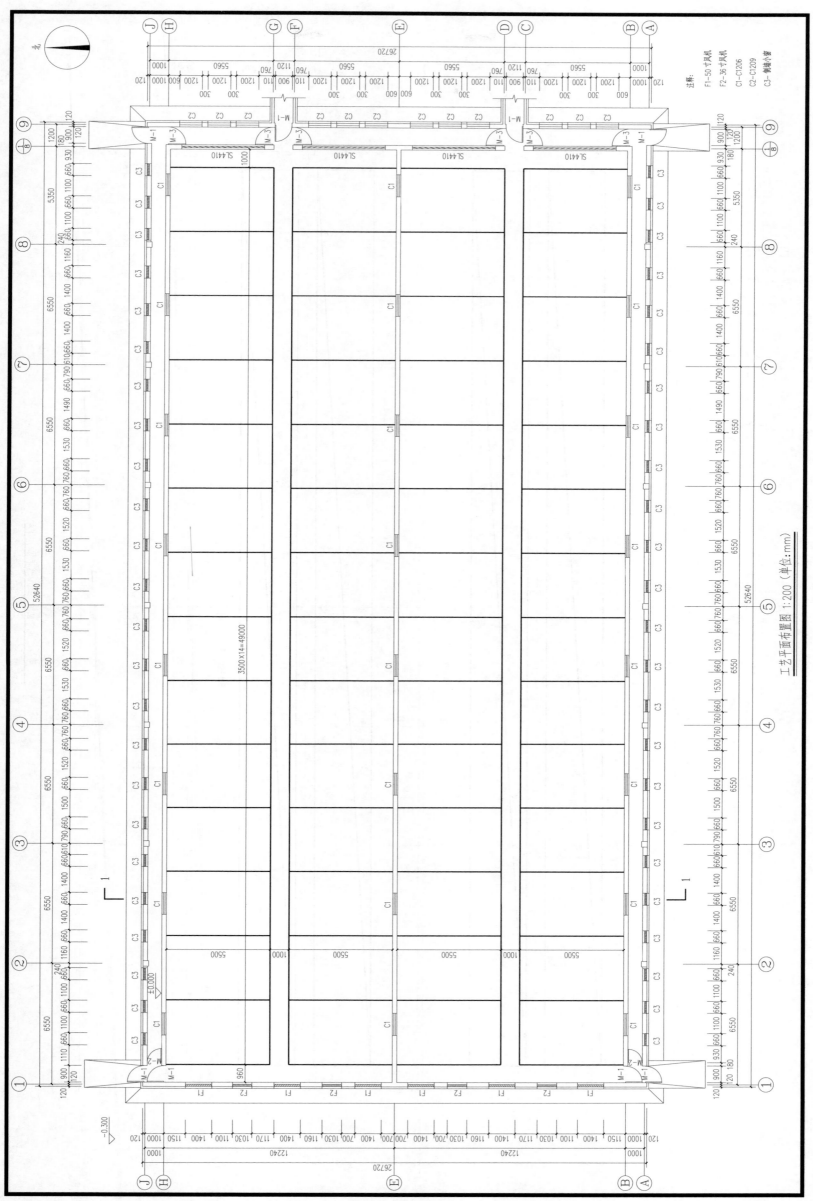

工艺平面布置图 1:200 (单位: mm)

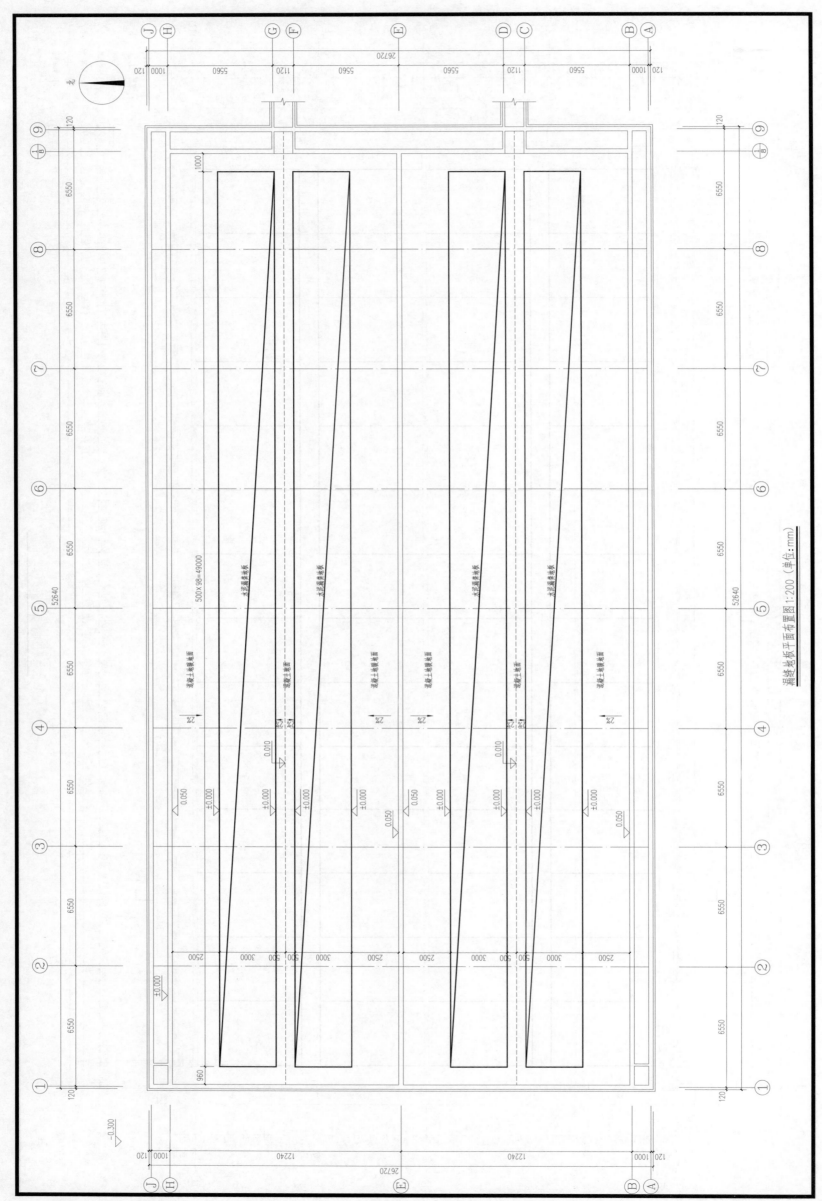

漏缝地板平面布置图 1:200（单位：mm）

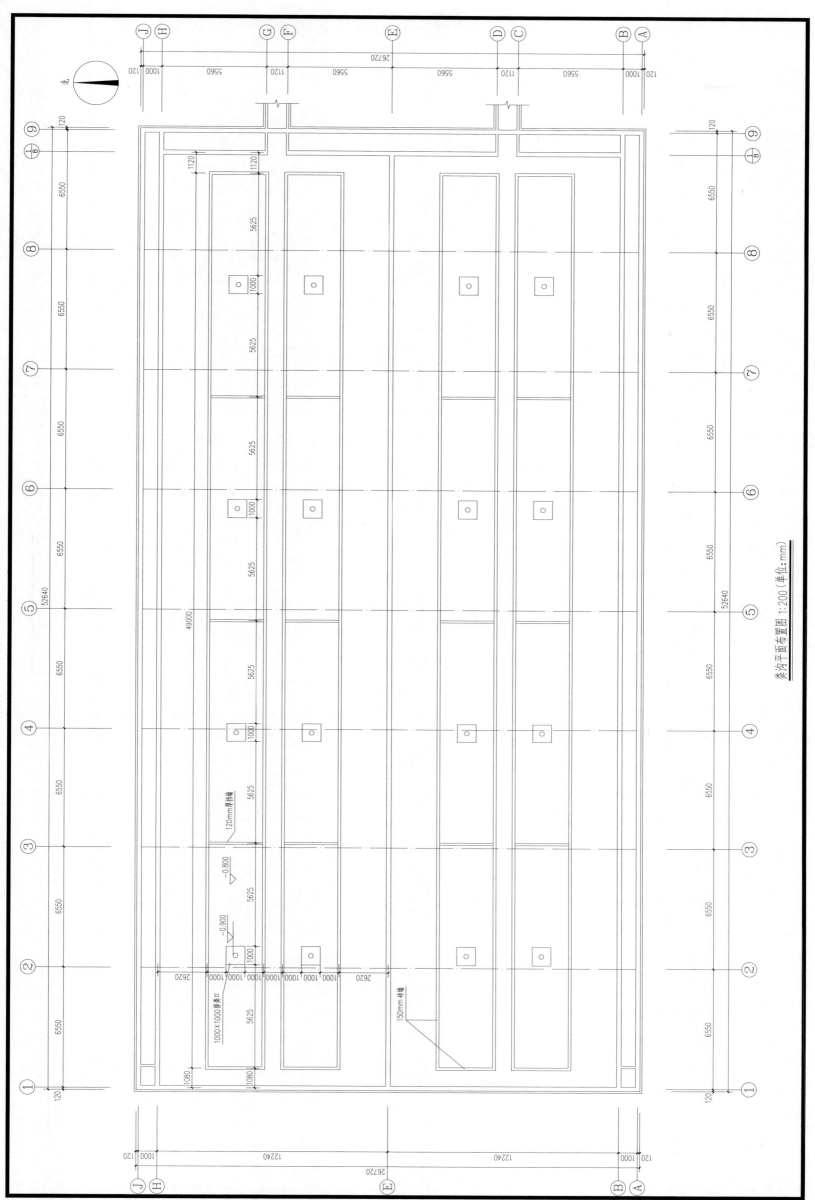

粪沟平面布置图 1:200（单位：mm）

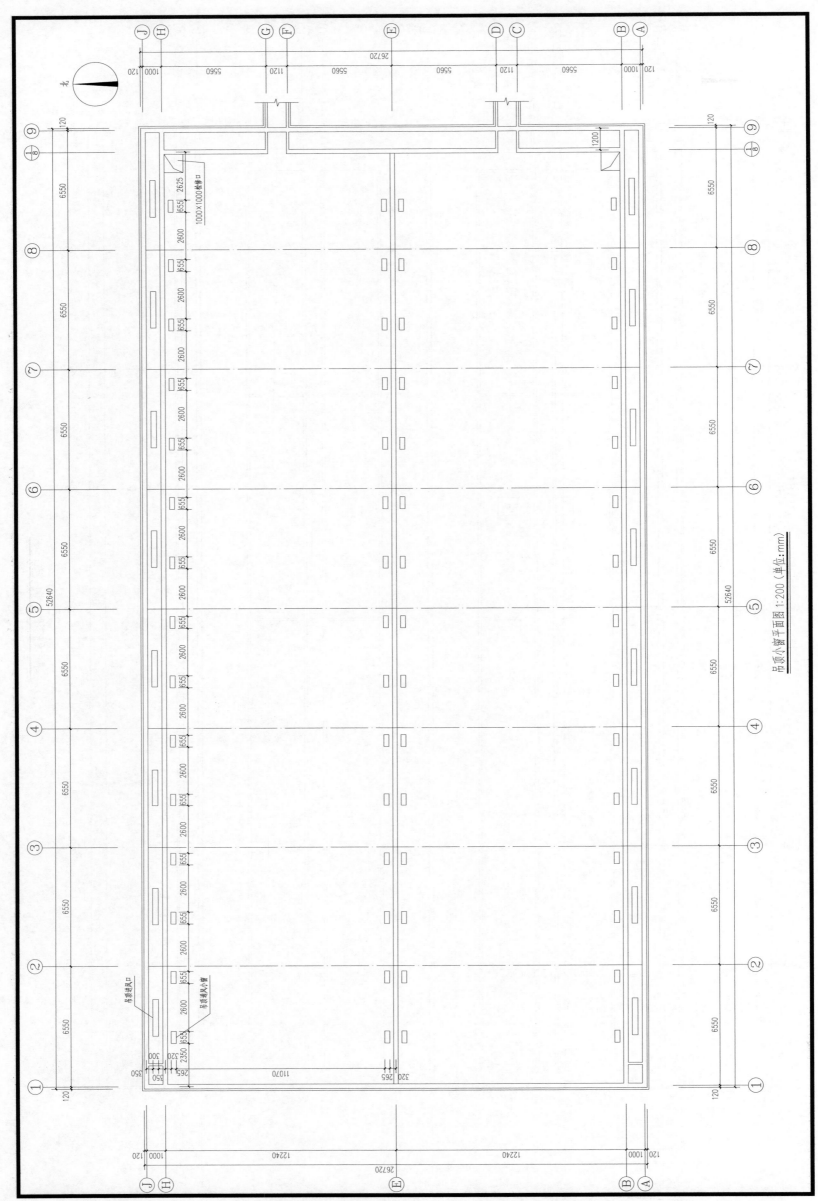

吊顶小窗平面图1:200（单位：mm）

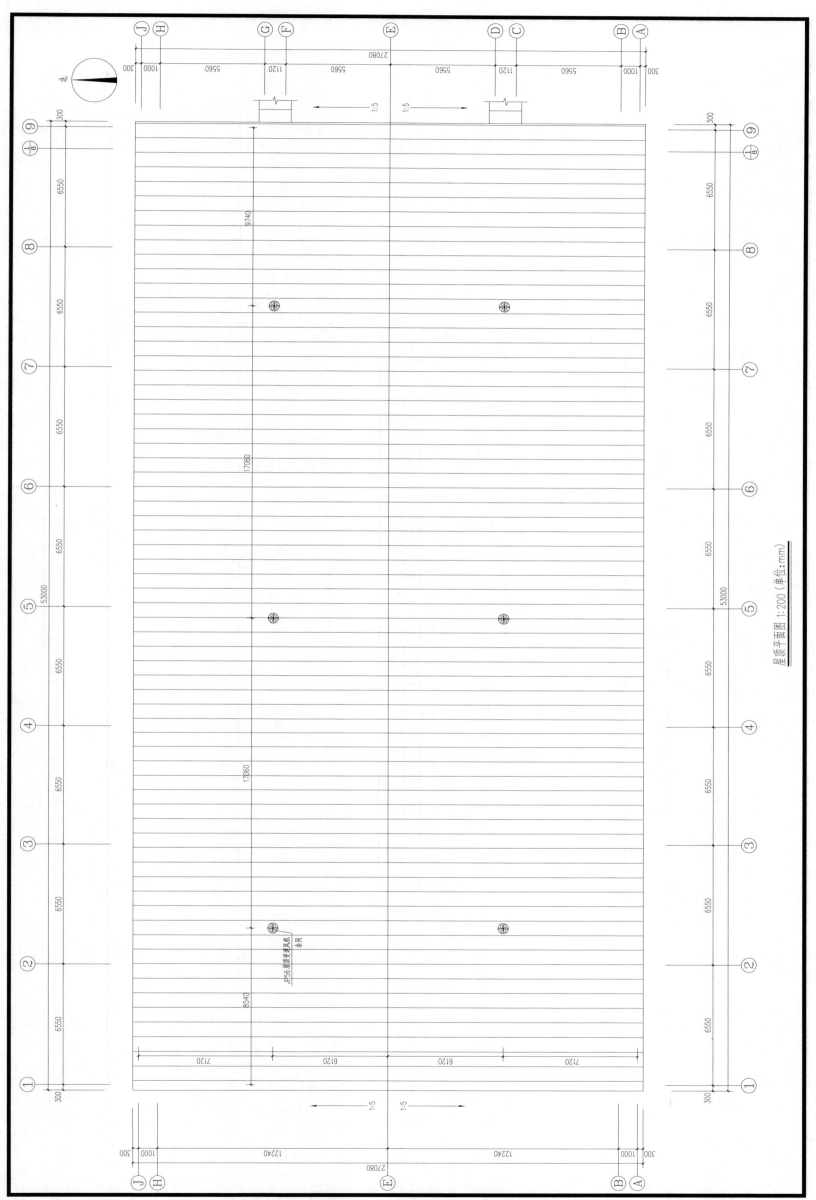

屋顶平面图 1:200（单位：mm）

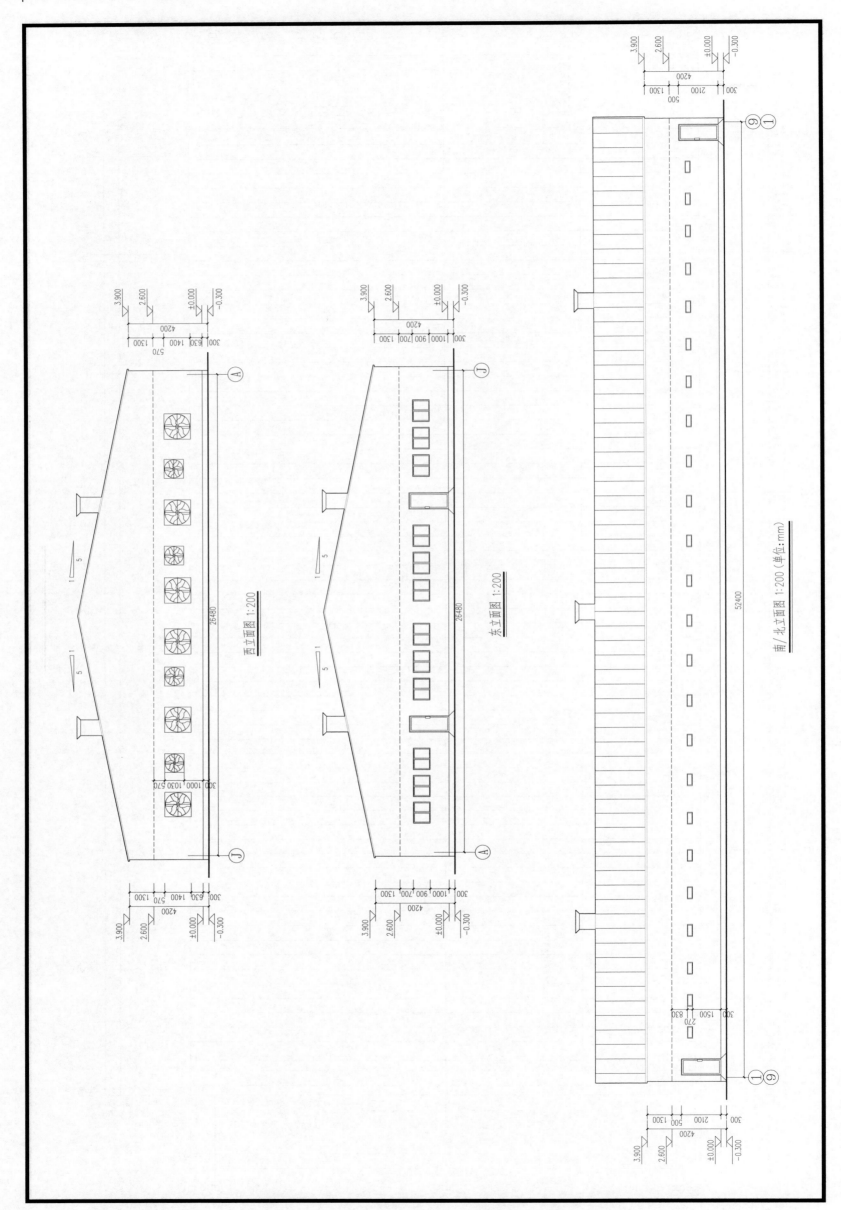

西立面图 1:200

东立面图 1:200

南/北立面图 1:200（单位:mm）

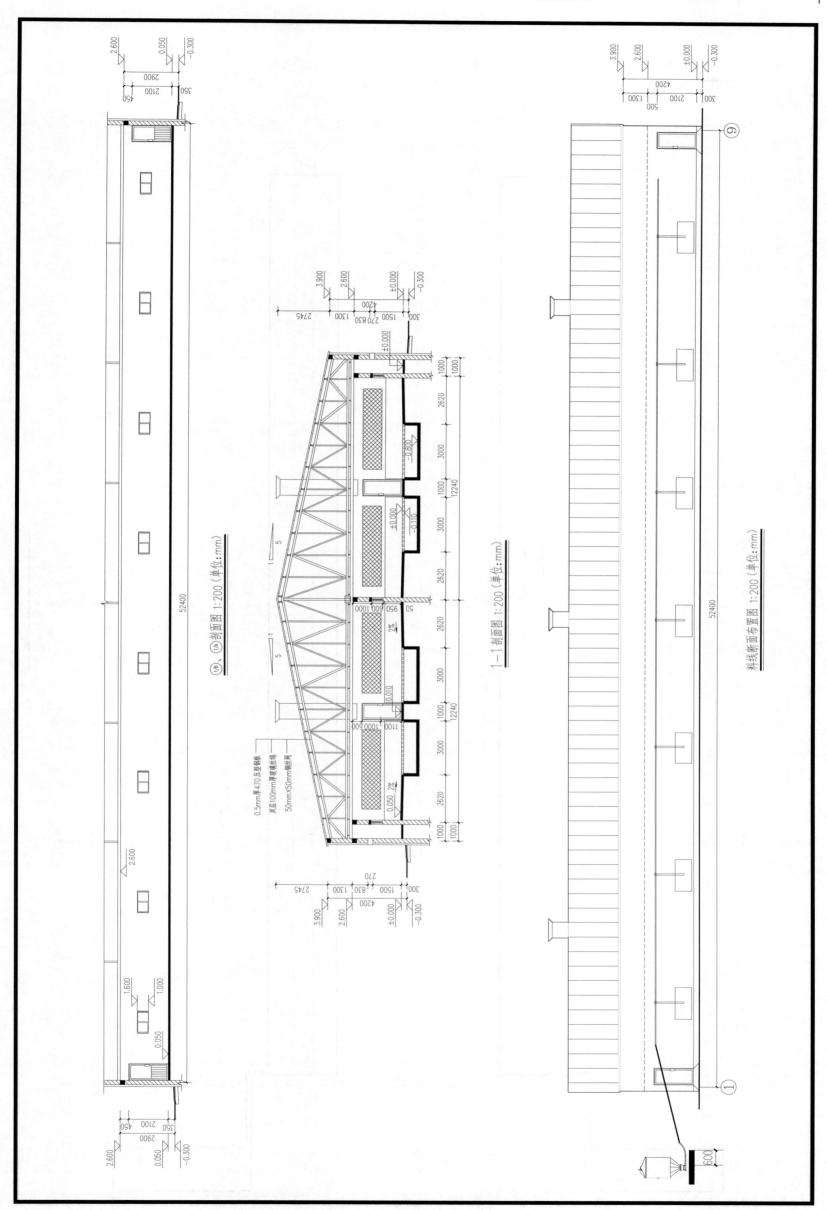

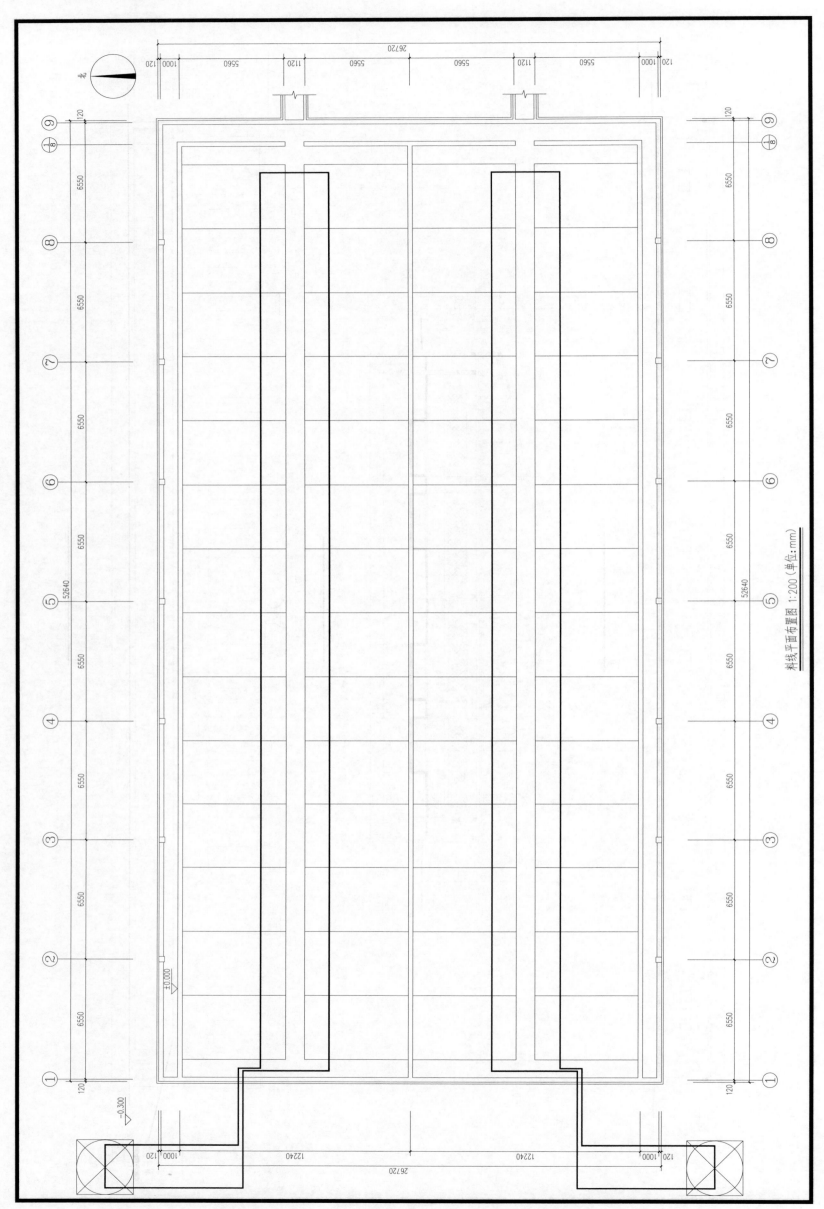

料线平面布置图 1:200（单位：mm）

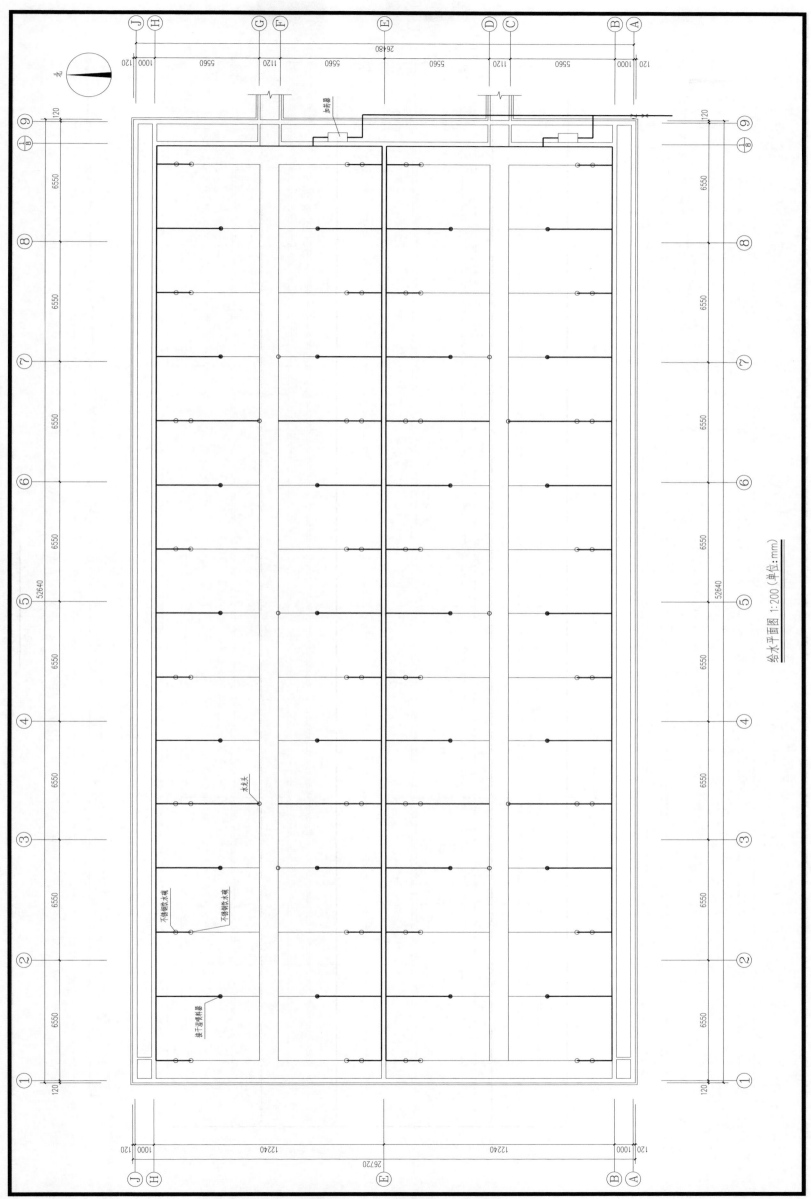

给水平面图 1:200（单位:mm）

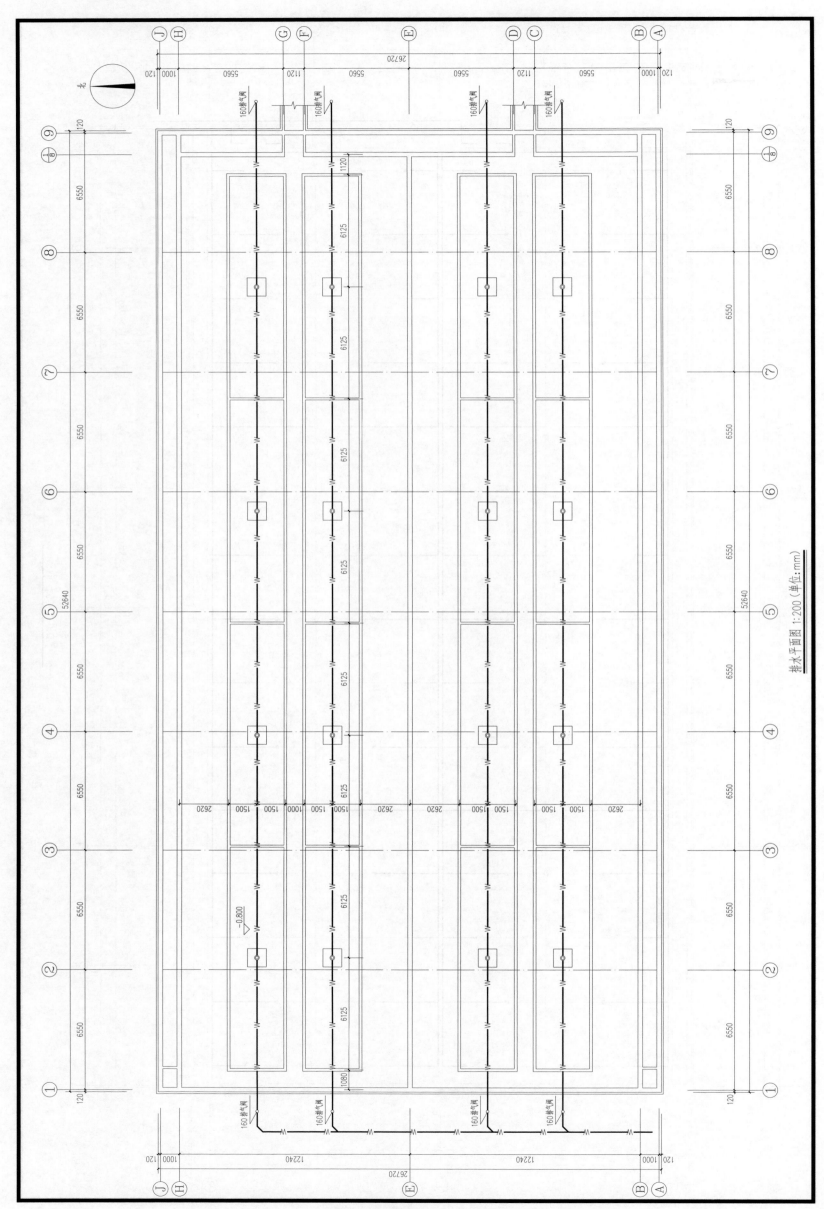

排水平面图 1:200（单位：mm）

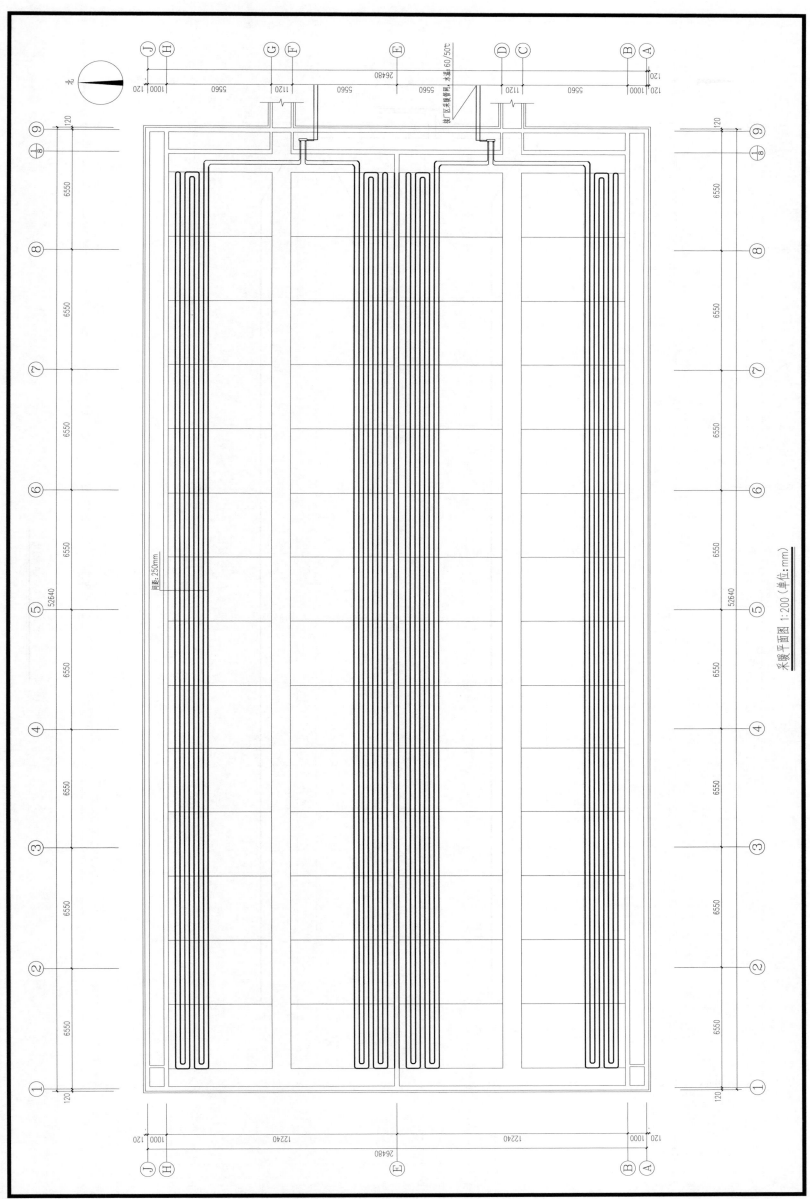

采暖平面图 1:200（单位：mm）

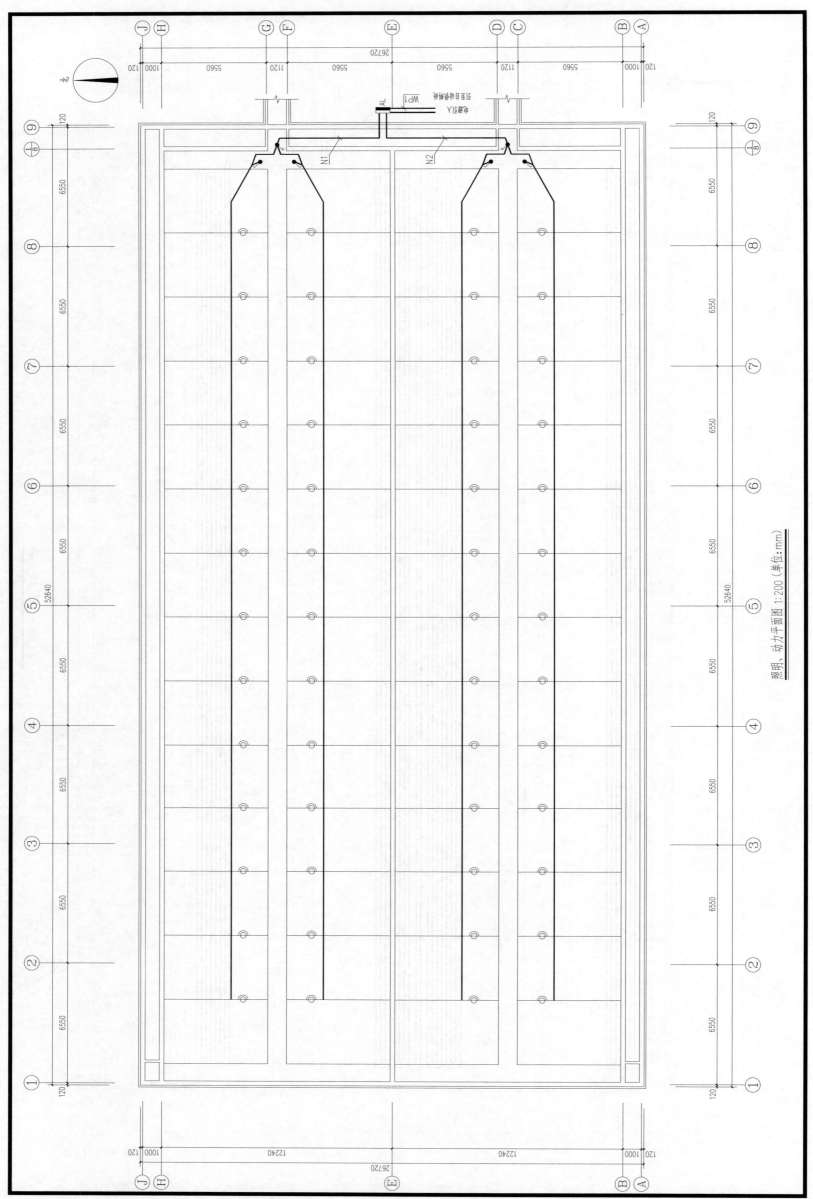

照明、动力平面图 1:200（单位：mm）

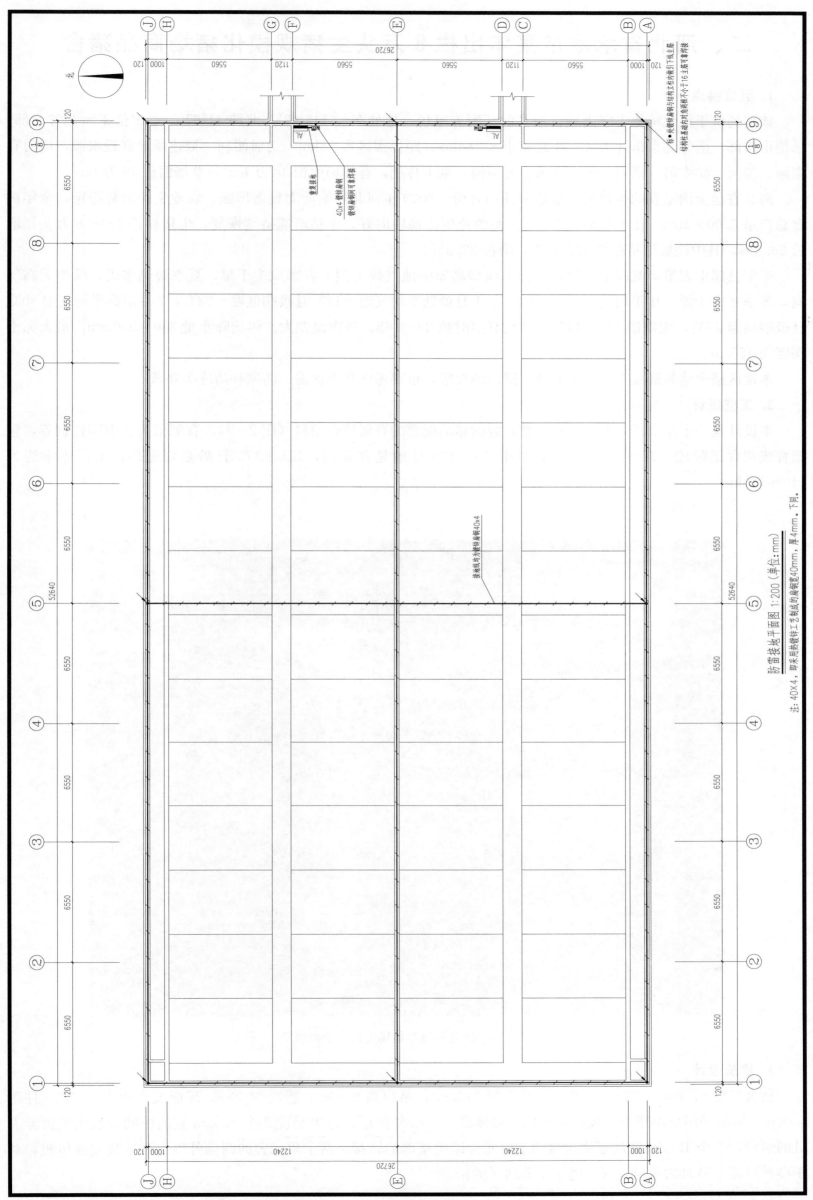

防雷接地平面图 1:200（单位：mm）

注：40×4，即采用热镀锌工艺制成的角钢宽度40mm，厚4mm。下同。

二、河北省承德市某年出栏 8 万头生猪规模化猪场商品猪舍

1. 区位特点

该猪场位于河北承德丰宁满族自治县的沃野养殖场，地处东经 115°97′，北纬 41°67′。丰宁位于河北省北部、承德市西部，南邻北京市怀柔区，距北京市区 188km，距怀柔区界 18km，交通便利。拟建场地靠近水源，境内有潮河、滦河、牤牛河、汤河、天河 5 条主要河流。草丰林茂，有林场面积 38 万 hm²，草场面积 49 万 hm²。

河北省是全国重要的生猪生产基地和外销省份。2020 年河北供给能力显著增强，农业生产形势稳定，全年粮食总产量 $3.00 \times 10^7 t$，比上年增长 1.5%。畜牧业生产稳中向好，生猪产能持续恢复，生猪存栏 1748.8 万头，增长 23.3%，其中能繁母猪存栏 187 万头，增长 32.3%。

丰宁县属中温带半湿润半干旱大陆性季风型高原山地气候类型。春季风多干旱，夏季湿热多雨，秋季天高气爽，冬季寒冷干燥。年平均气温 0.9～6.2℃，1 月最低平均气温 -17℃ 且极端低温 -22℃，7 月最高平均气温 30℃ 且极端高温 35℃，无霜期 110～145d。年均日照时数 2903.6h，昼夜温差大。年均降水量 350～550mm，最大冻土深度为 125cm。

本地区猪舍建筑既要考虑夏季隔热、降温的要求，也要考虑冬季保温、防寒和防冻等要求。

2. 工艺设计

本设计是一个年出栏 8 万头生猪自繁自育的猪场配套的育肥猪舍项目（图 2-3）。育肥猪为大群圈栏饲养，包括育成和育肥阶段（70～175 日龄），其中 70～120 日龄是育成期，121～175 日龄是育肥期，出栏体重约为 110～120kg。

图 2-3 河北承德某猪场生长育肥舍内景

3. 建筑设计

猪舍长度 87.80m、跨度 24.24m，总面积 2130m²，吊顶高 2.80m，檐高 3.00m，屋面坡度比为 1:10，柱距 6.00m。屋面采用单层压型钢板保温屋面，墙体设 60mm 外保温。每单元设 2 个 1.00m 宽的中间走道用于饲养人员的通行，一个 1.72m 宽的通廊连接两个单元舍以便猪群的转移。两个单元舍的两侧外墙上各安装变速风机，利于春秋过渡季节时的通风换气，适于华北地区的猪舍。

4. 栏位设计

猪舍单栋存栏量 2240 头，饲养密度 0.82m²/头，舍内划分 2 个单元，每单元共有猪栏 4 列，每列 14 个栏位，共计 56 个猪栏，每单元存栏 1120 头育肥猪。单个栏位尺寸 3.00m×5.50m，栏位面积 16.50m²。

5. 排污设计

为便于粪污收集和清理，猪舍地面采用漏缝地板和实体地面相结合的做法，走道采用漏缝地板。漏缝地板位于猪栏外侧，宽 2.50m，2‰坡度的混凝土地板位于猪栏内侧，宽 3.00m。实体地面为猪的躺卧区域，漏缝地板为猪的排泄和活动区域。采用水泡粪清粪方式，每列猪栏的漏缝地板下面均设置 800mm 深的粪沟，粪沟底面保持水平、无坡度。利用挡墙划分粪沟区段，每个区段的粪沟下安装一个接头，接头处配备一个排粪塞，每个排粪塞所处的位置均比粪沟低 100mm，并在该处预留 1.00m×1.00m 的排粪坑。平时排粪口处于关闭状态，粪沟中注入 0.1m 左右深度的水。使用时粪污液面与漏缝地板之间至少留有 0.2m 的空间。

6. 环境设计

该区域的环境设计既要考虑冬季保温、防寒，还要考虑夏季降温。该商品猪舍设计温度为 18～22℃。夏季主要采取湿帘—风机纵向通风，舍内设计风速 1.5m/s，每单元设 9 台 50 寸风机。春秋季采用侧墙进风小窗配变速风机的横向通风，每单元设 42 个进风小窗、6 个变速风机（图 2-4），分别排布于侧墙上。冬季采用热水散热器供暖，在单元猪舍内四周靠墙处设置间隔约 2.00m 的散热器，并设计供回水温度为 50～60℃。

图 2-4 河北承德某猪场生长育肥舍侧墙风机

7. 特色设计

（1）夏季采用湿帘风机纵向通风方式，为提高舍内气流均匀性、减少水平纵向温差，采用中间湿帘进风，两侧排风的布置形式。

（2）躺卧区和排泄活动区分别采用实体地面和漏缝地板，走道采用漏缝地板，既可改善猪只躺卧的舒适性，又可以减少圈栏内粪污污染面积，有利于清洁生产。

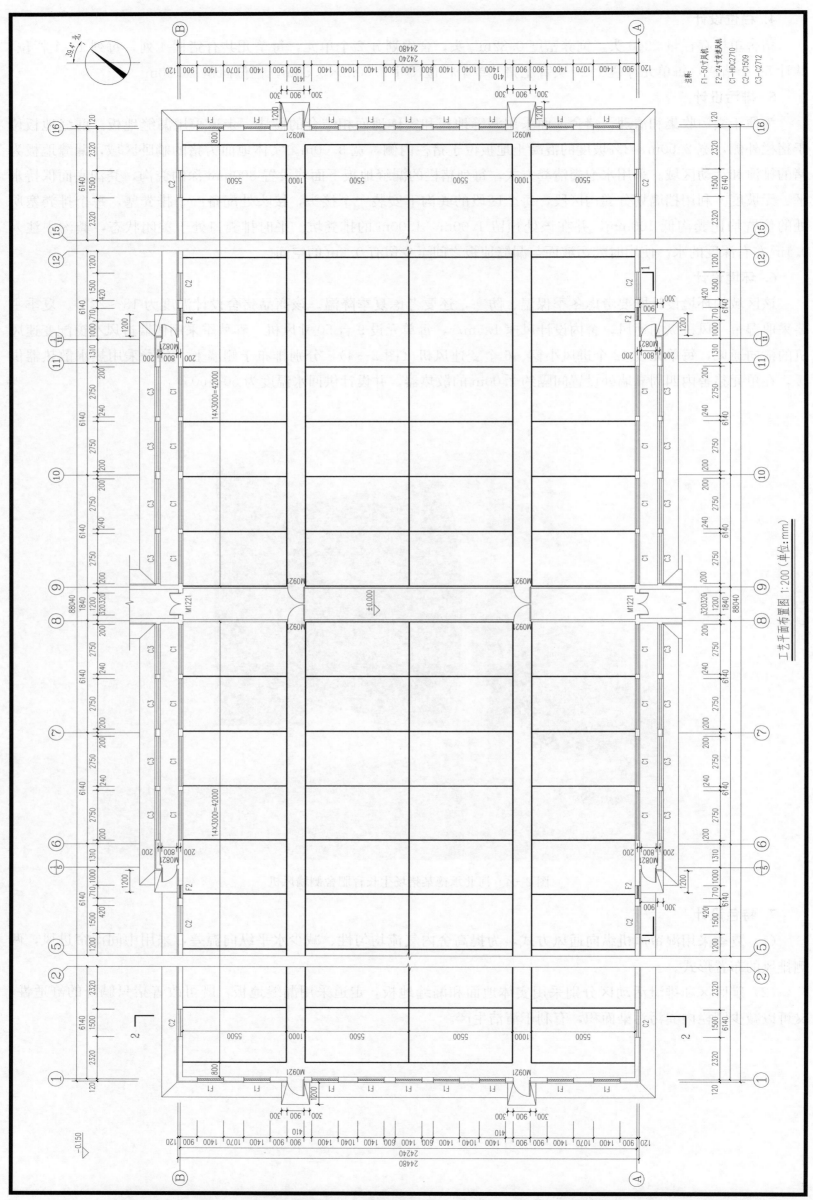

工艺平面布置图 1:200（单位:mm）

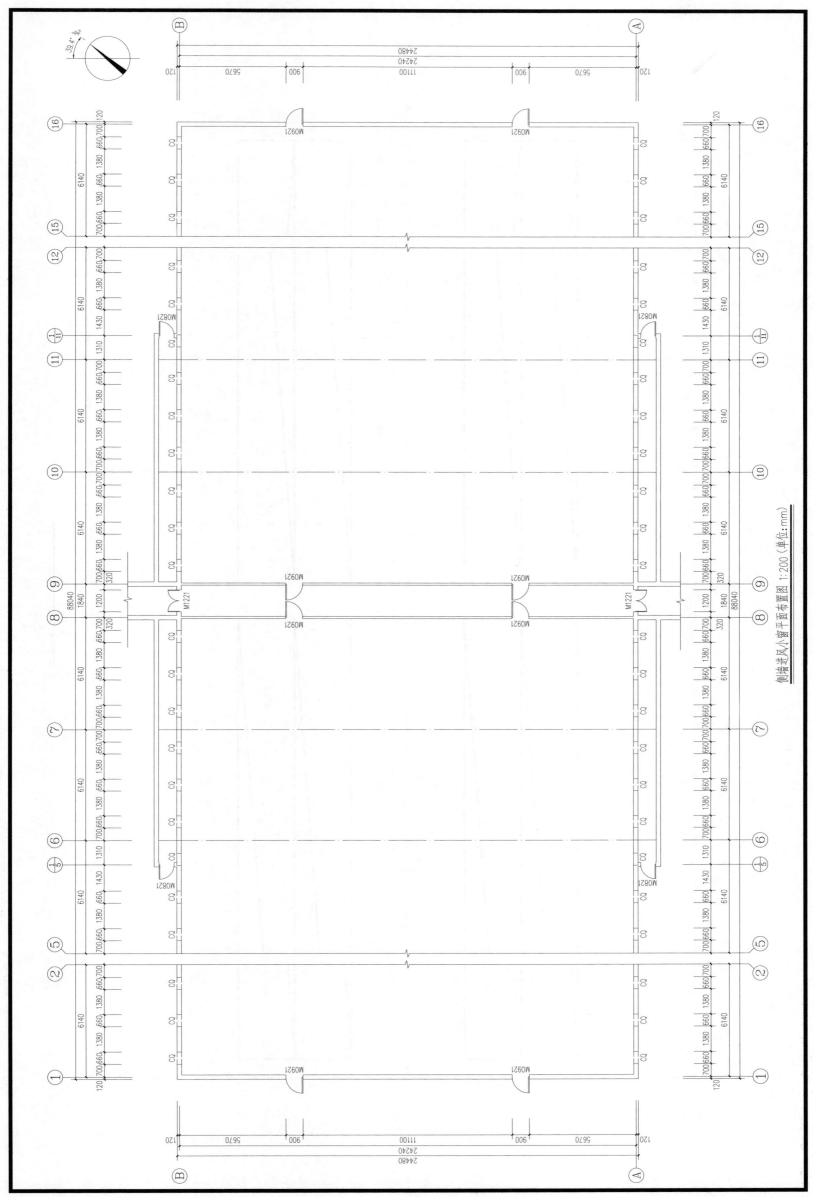

侧墙进风小窗平面布置图 1:200（单位：mm）

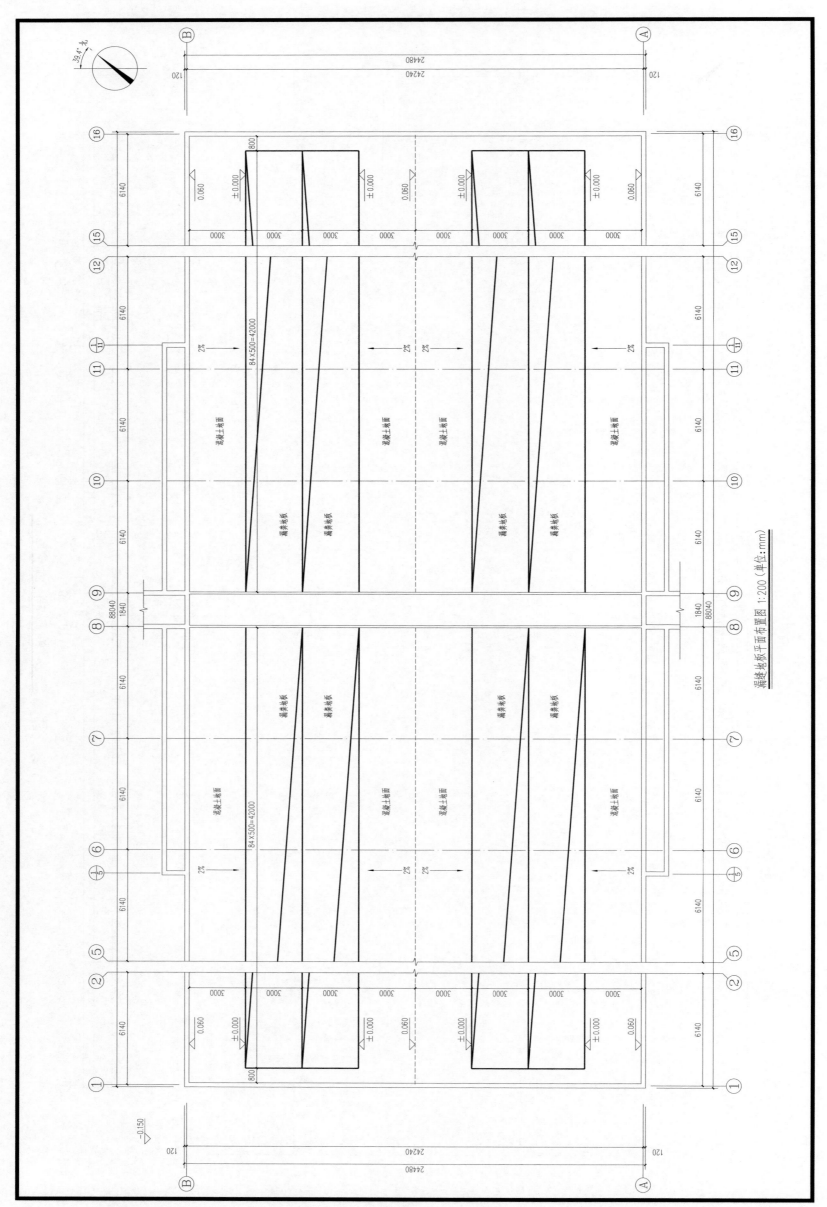

漏缝地板平面布置图 1:200（单位：mm）

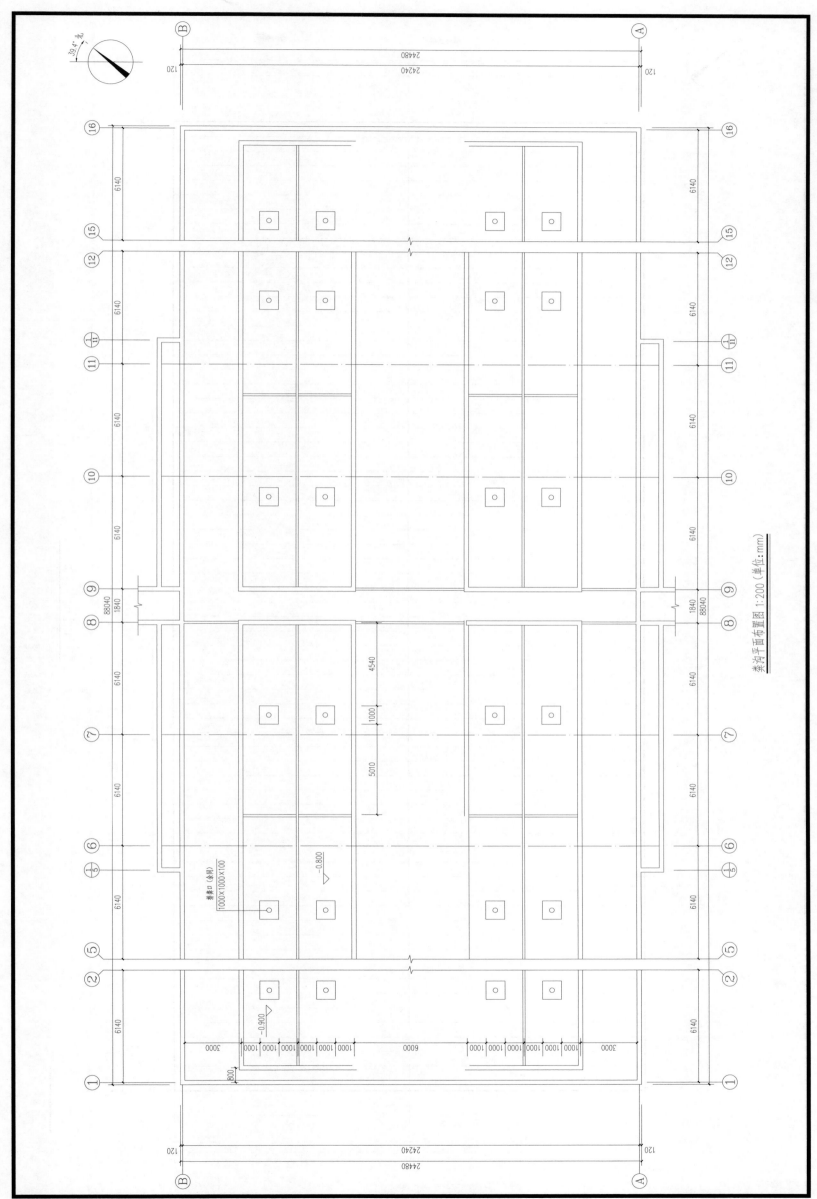

粪沟平面布置图 1:200（单位：mm）

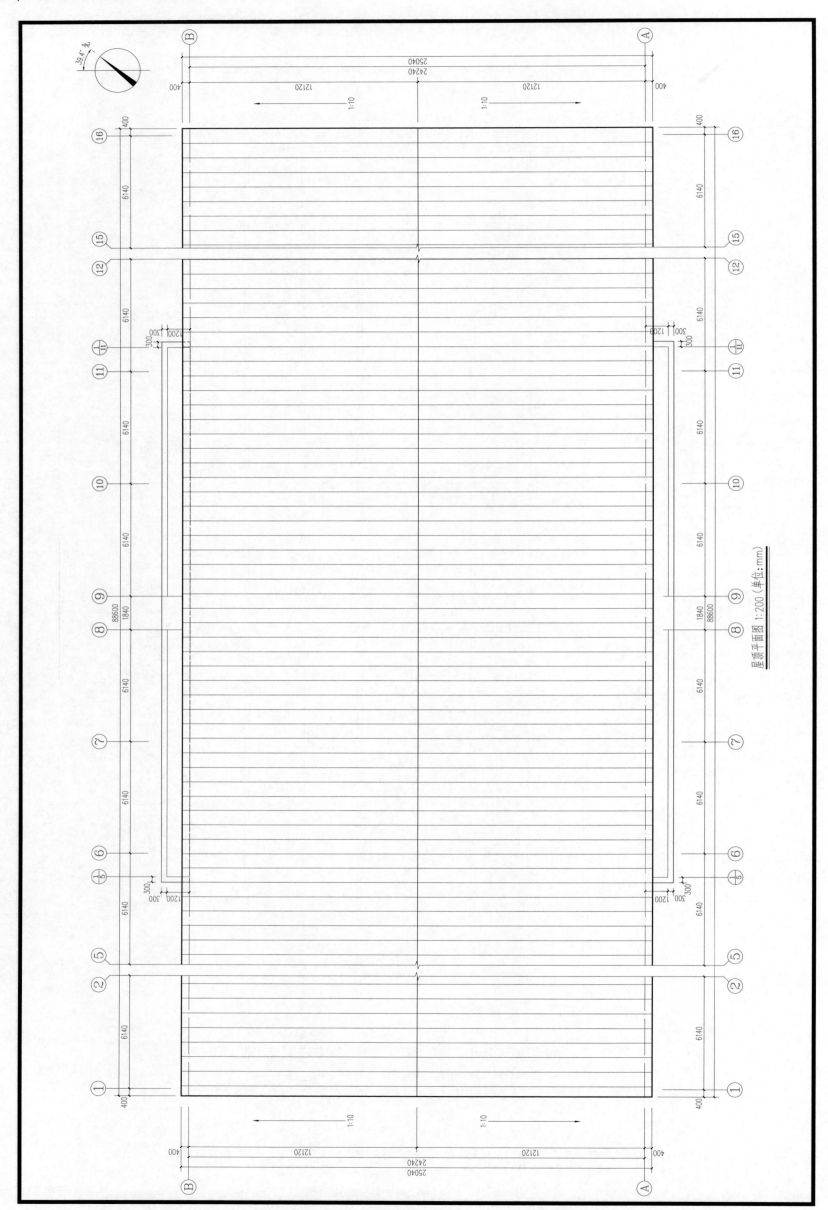

屋顶平面图 1:200（单位：mm）

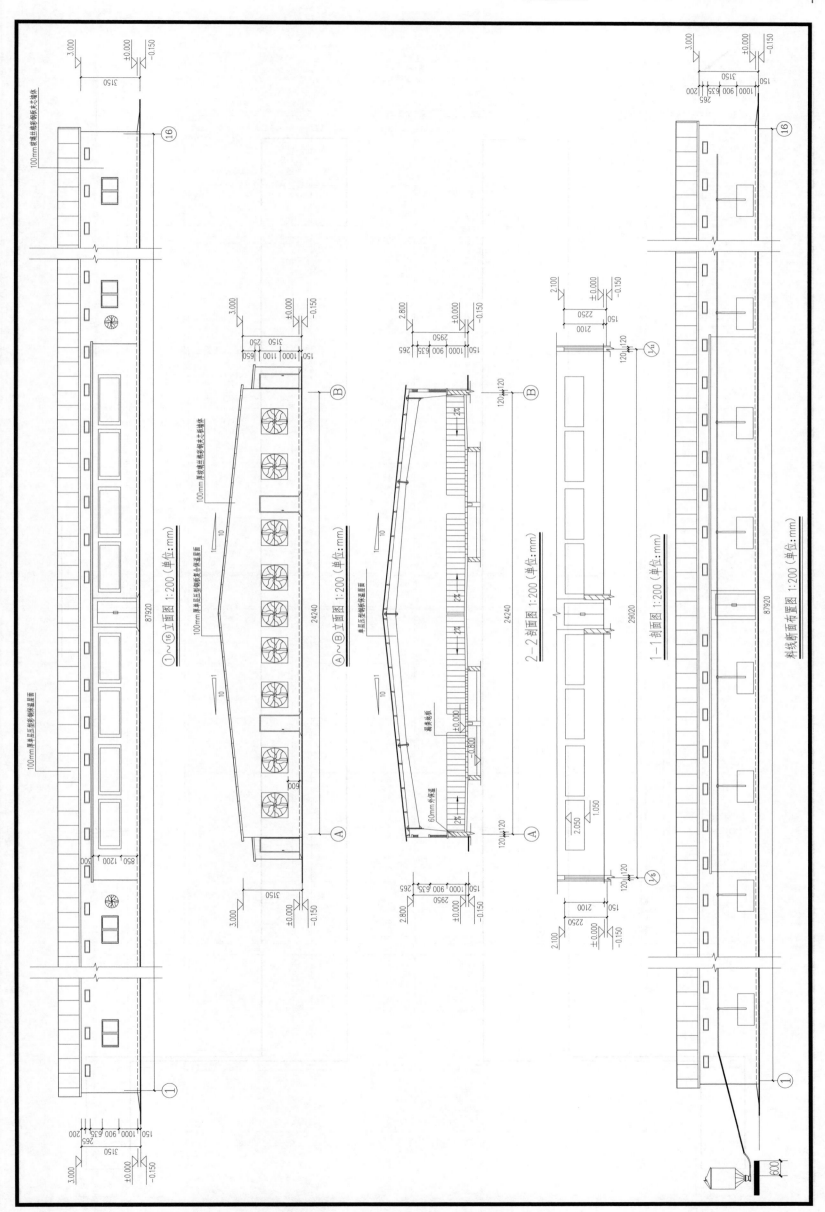

①~⑯立面图 1:200 （单位：mm）

Ⓐ~Ⓑ立面图 1:200 （单位：mm）

2—2剖面图 1:200 （单位：mm）

1—1剖面图 1:200 （单位：mm）

料线断面布置图 1:200 （单位：mm）

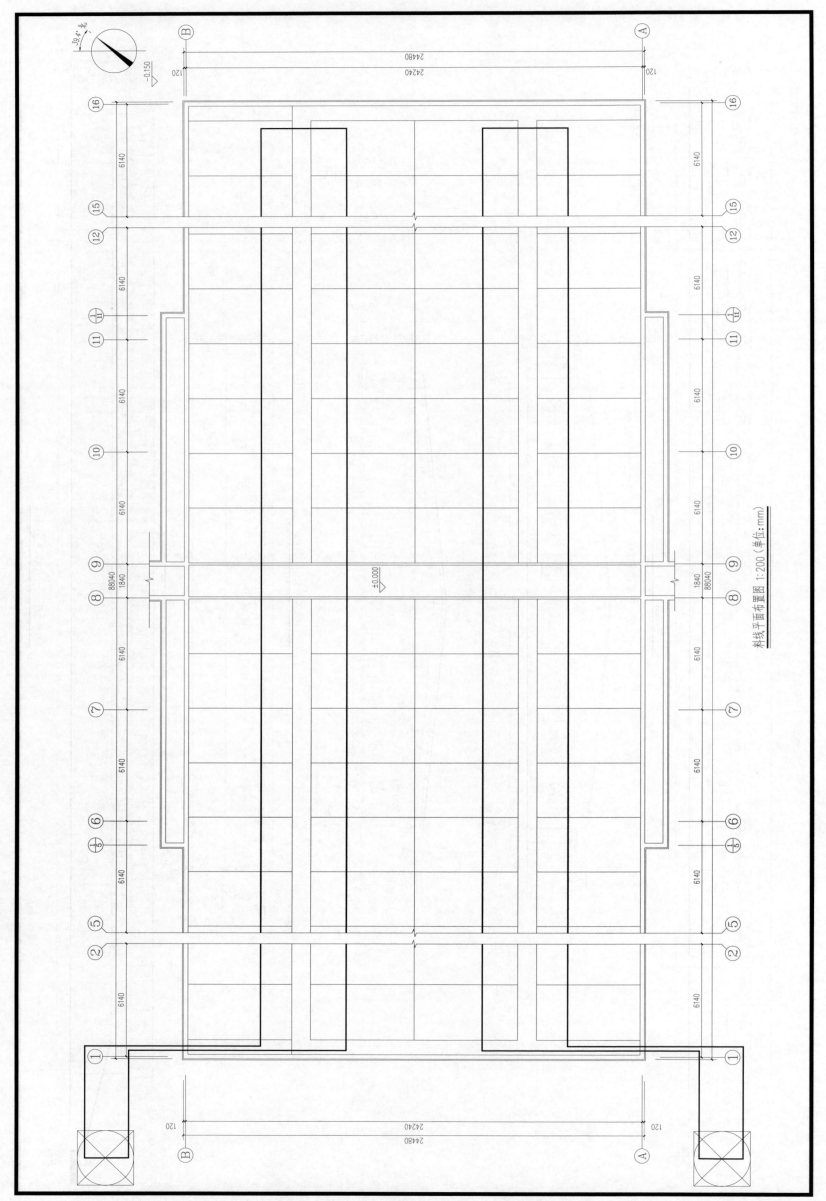

料线平面布置图 1:200（单位：mm）

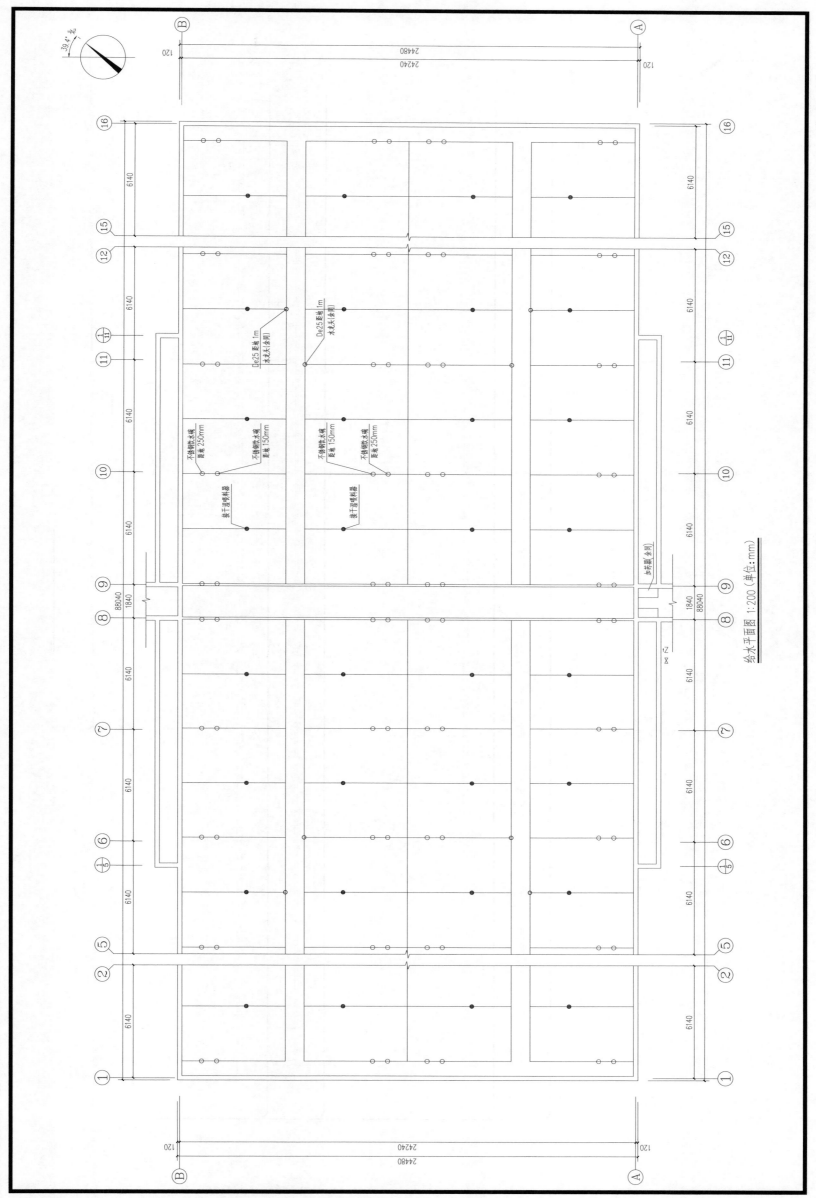

给水平面图 1:200（单位:mm）

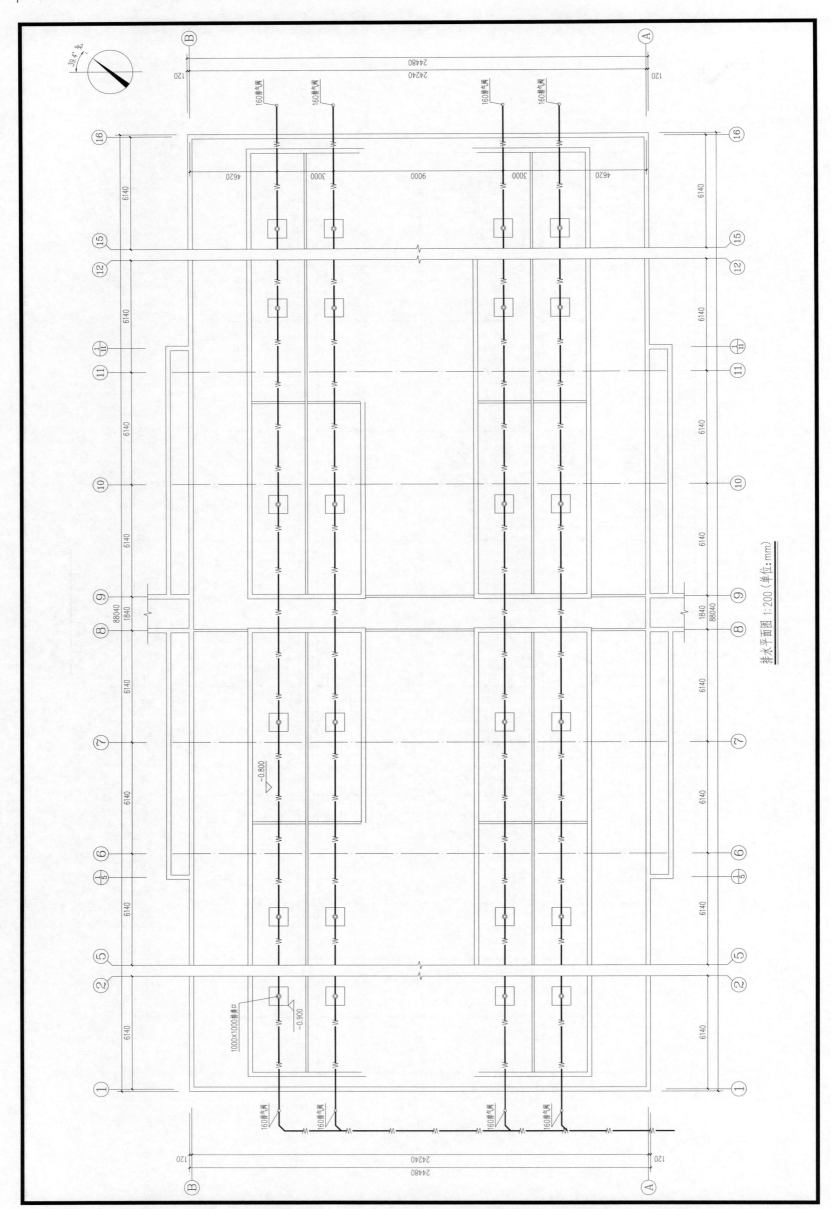

排水平面图 1:200（单位：mm）

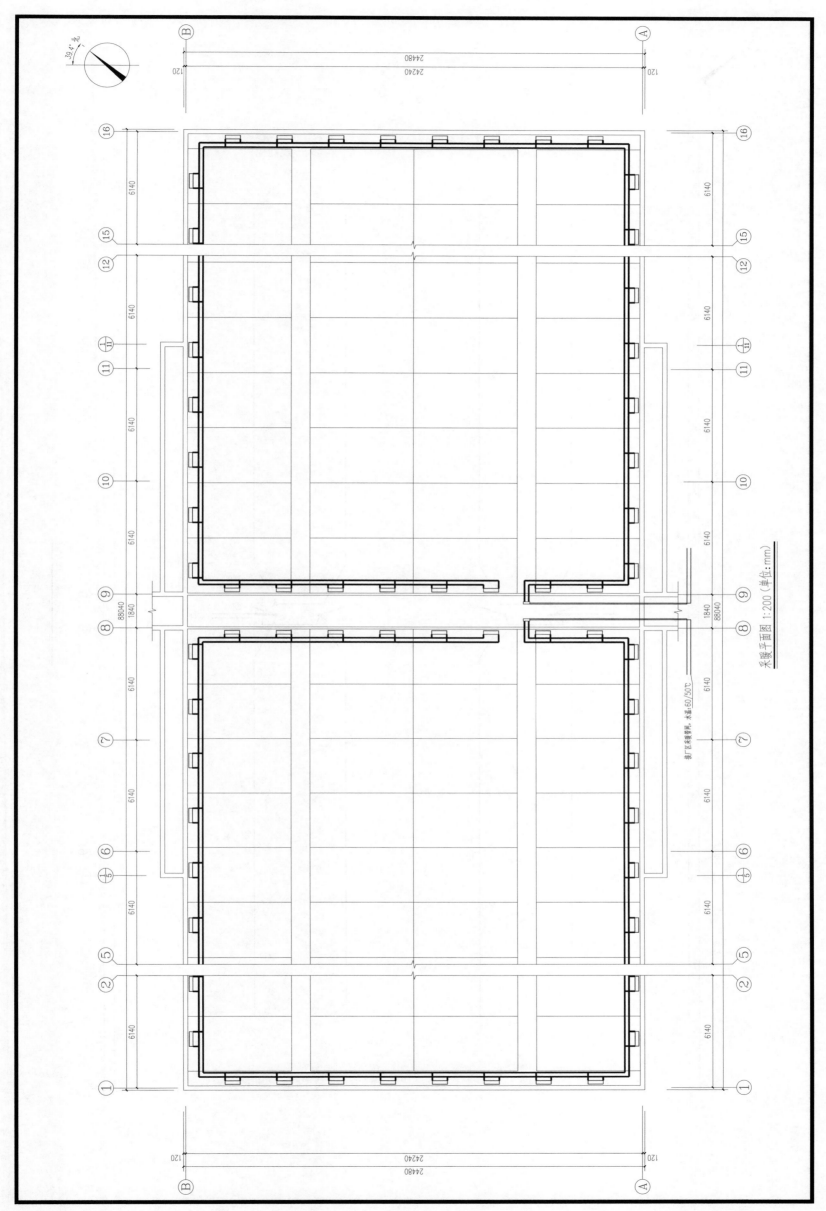

采暖平面图 1:200 (单位:mm)

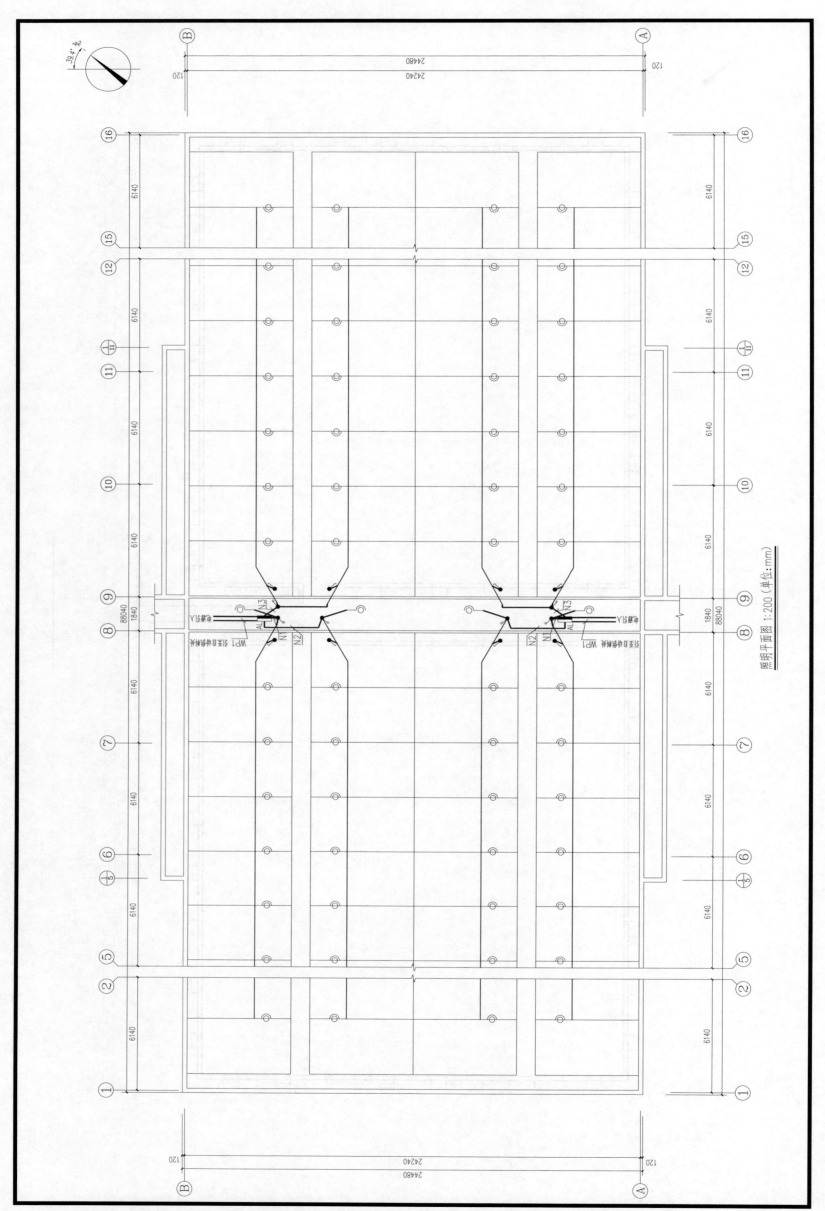

照明平面图 1:200（单位:mm）

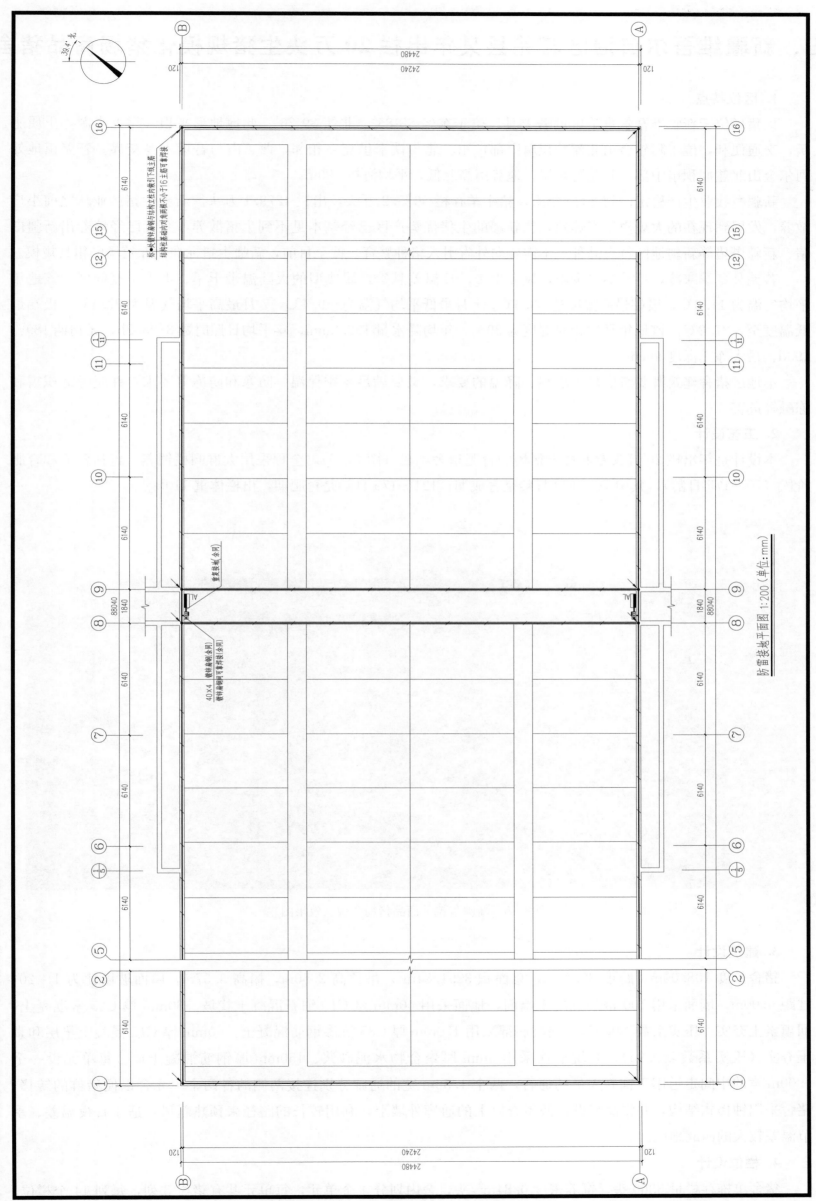

防雷接地平面图 1:200（单位：mm）

三、新疆维吾尔自治区若羌县某年出栏 20 万头生猪规模化猪场商品猪舍

1. 区位特点

该猪场位于新疆维吾尔自治区的若羌县，位于东经 88°85′，北纬 39°26′。此地地形平坦，靠近水源，土质肥沃，交通便利，位于阿尔金山北麓冲积扇中部，东、北与铁干里克乡相邻，西、南与吾塔木乡交界。若羌镇地处阿尔金山北麓冲积扇中部、若羌河东岸，地势南高北低，平均海拔 890m。

新疆畜牧业生产稳定，到 2020 年末，猪牛羊存栏 5075.2 万头，出栏 4279.1 万头。新疆生猪产业从之前小户散养，发展到现在的大规模生产养殖，在新疆的生猪优势产区已经基本见不到生猪散养，并且已经培养出新疆白猪、新疆黑猪等新疆地区特有品种，不需要向外省引入猪种繁育。截至目前，新疆生猪标准化养殖场已粗具规模。

若羌县冬季寒冷，夏季酷热少雨，风大尘多，日温差悬殊，属典型的大陆温带干旱、半干旱气候区。该地年平均气温为 11.8℃，极端最高温度达 43.6℃，1 月最低平均气温为 −9.4℃，7 月最高平均气温为 27.4℃，极端最低温度至 −27.2℃。该地年平均相对湿度为 39%，年均降水量 182.2mm，年平均日照时数 3103.2h，无霜期 189～193d，最大冻土深度 96cm。

本地区猪舍建筑既要考虑夏季隔热、降温的要求，又要满足冬季保温、防寒和防冻等要求，并应考虑积雪和冻融等危害。

2. 工艺设计

本设计是年出栏 20 万头专业育肥猪场的育肥猪舍项目（图 2-5）。全程采用大群圈栏饲养，包括育成和育肥阶段（70～175 日龄），其中 70～120 日龄是育成期，121～175 日龄是育肥期，出栏体重 110kg。

图 2-5 新疆若羌某商品猪场全貌（效果图）

3. 建筑设计

猪舍长度 108.00m、跨度 30.48m，总面积 3291.84m²，吊顶高 2.50m，檐高 3.57m，屋面坡度比为 1∶20，柱距 6.00m。墙面采用 100 钢筋混凝土墙面，地面采用 40mm 厚 C15 细石混凝土找坡、60mm 厚 C25 素混凝土、回填素土夯实（压实系数≥0.95），粪坑底部采用 150mm 厚 C35 抗渗钢筋混凝土、60mm 厚 C15 混凝土垫层和素土夯实（压实系数≥0.95），粪坑墙体采用 5mm 厚聚合物水泥砂浆、150mm 厚钢筋混凝土墙。每单元设一个 1.00m 宽的中间走道用于饲养人员的通行，两个 1.56m 宽的通廊分别连接两侧的各两个单元舍以便猪群的转移。猪舍采用钟楼式结构，并将高窗设在低屋脊以上的通廊外墙上，利用较长的路径来预热新风，适于日夜温差、季节温差较大的西北地区。

4. 栏位设计

猪舍单栋存栏量 3360 头，饲养密度 0.84m²/头，舍内划分 4 个单元，每单元共有猪栏 2 列，每列 14 个栏位，

共计 28 个猪栏，每单元存栏 840 头育肥猪。单个栏位尺寸 7.00m×3.60m，栏位面积为 25.20m²。

5. 排污设计

猪舍地面为全漏缝地板设计，中间人行走道采用现浇砼地面。猪在漏缝地板上进行采食、饮水与排泄。清粪方式采用尿泡粪，有助于猪舍保温、粪沟冬季不结冰。每列猪栏的漏缝地板下面均设置粪沟，粪沟深度为 1400mm，粪沟底面保持水平、无坡度。利用挡墙划分粪沟区段，每个区段的粪沟下安装一个接头，粪沟接头处配备一个排粪塞，每个排粪塞所处的位置均比粪沟低 100mm，并在该处预留 1.00m×1.00m 的排粪坑。

6. 环境设计

该区域的环境设计以保温、防寒和夏季降温为主。猪舍设计温度 18～22℃，舍内风速 1.5m/s。该地夏季干热，采用湿帘-风机纵向通风方式，每单元设 4 台 50 寸风机和 2 片长度 4.80m 的湿帘，可保证舍内温度不超过 26℃。春秋季采取侧窗通风，每单元设 9 个侧窗排一列于侧墙。冬季采用热水散热器采暖，在单元猪舍内四周靠墙处设置间隔约 2.50m 的散热器，并设计供回水温度为 50～60℃。

7. 特色设计

（1）猪舍采用钟楼式结构，并将高窗设在低屋脊以上的通廊外墙上，风从钟楼进来，有预热缓存的功能，适于日夜温差、季节温差较大的西北地区。

（2）充分考虑当地气候条件，清粪方式采用尿泡粪模式，因为若采用干清粪，在房舍外部分还需增加额外保温措施，增加建设投资。采用地沟风机分级通风（图 2-6），可减轻因尿泡粪工艺造成的舍内臭气浓度过高问题。

（3）该猪场有足够的配套土地，且降水量偏低，为猪场污水提供了很好的利用路径。本设计中，猪舍清粪采用尿泡粪工艺，粪污经固液分离后，固体部分制成有机肥，液体部分用黑膜袋贮 3～6 个月后进入氧化塘，作为液肥。液肥和固肥均就地消纳，配套的土地种植红枣。

图 2-6 新疆若羌某猪场育肥舍内景和舍内地沟分级通风

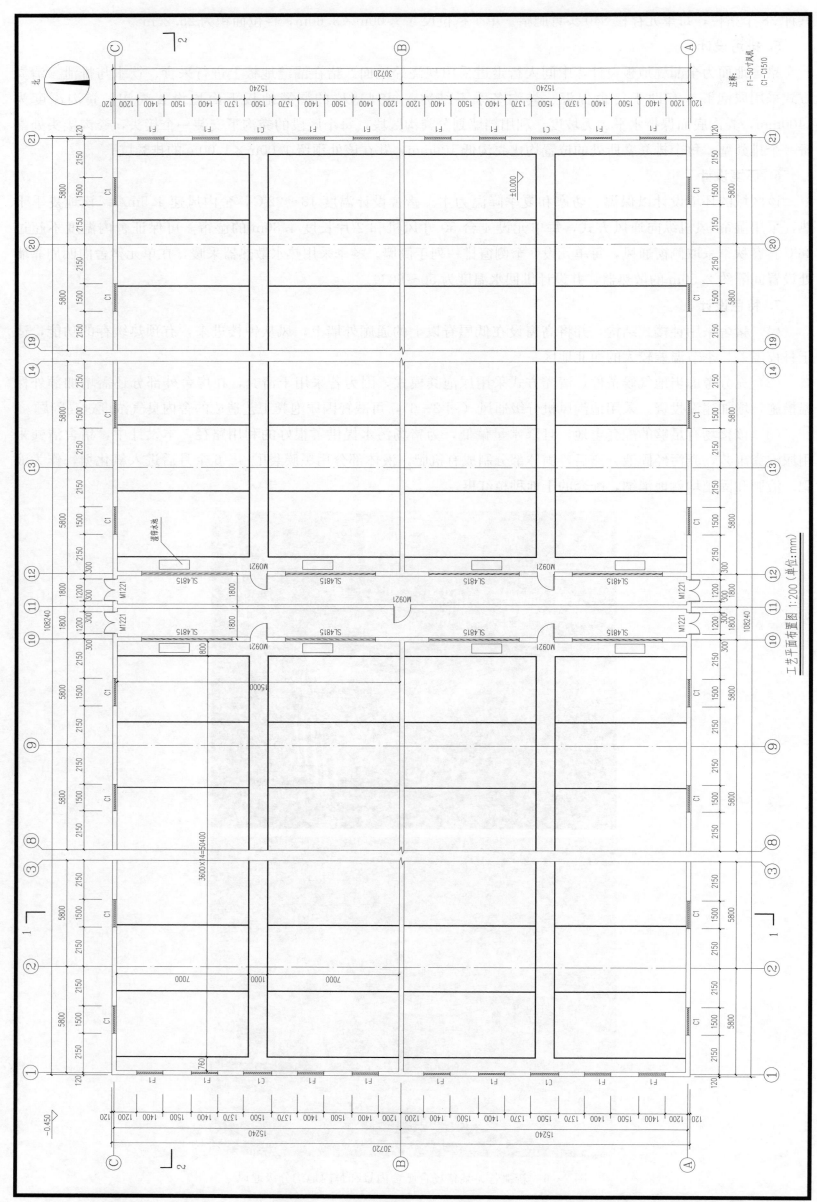

工艺平面布置图 1:200（单位:mm）

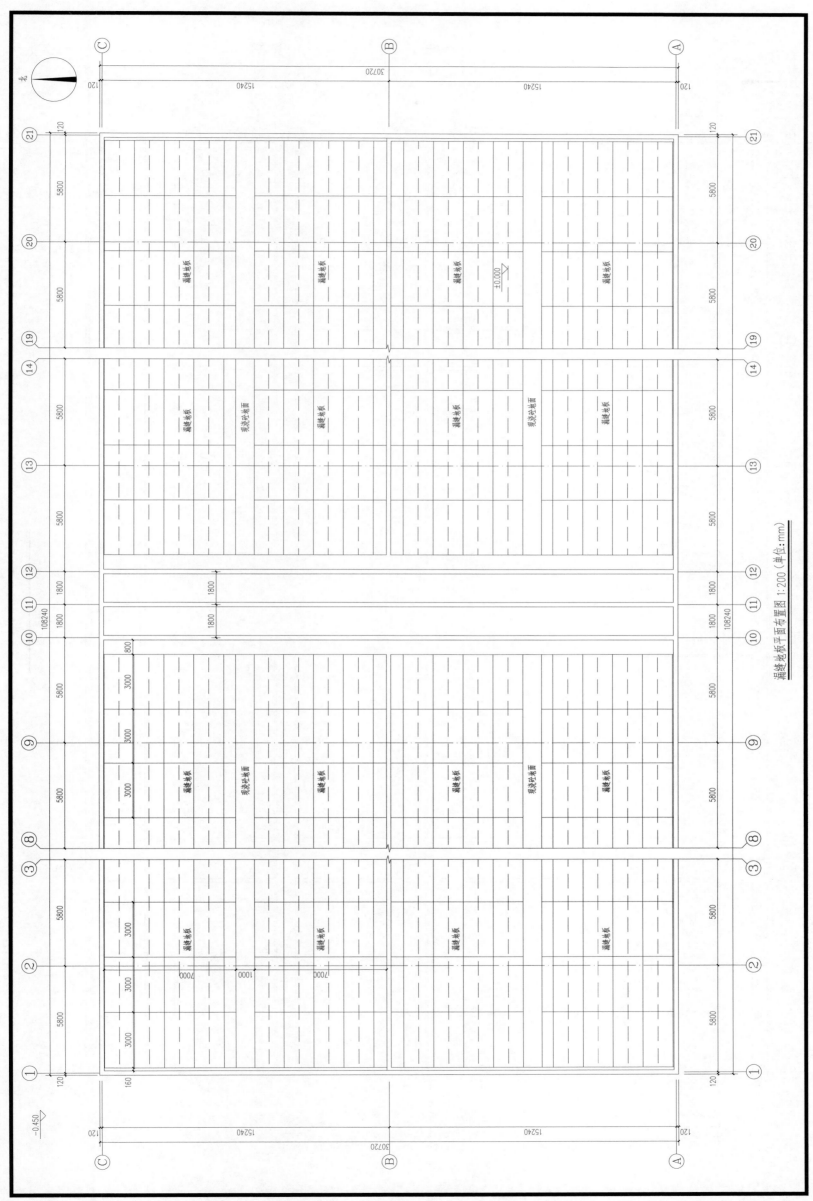

漏缝地板平面布置图 1:200（单位：mm）

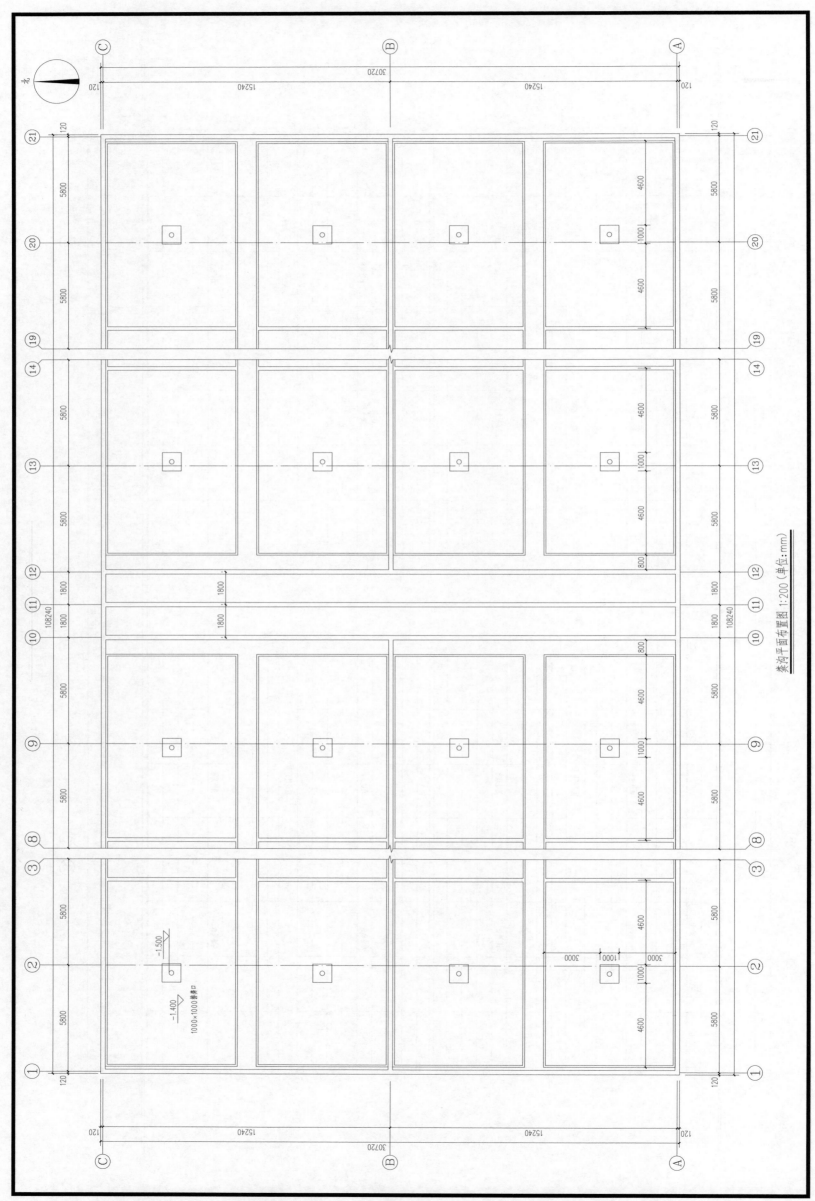

粪沟平面布置图 1:200（单位：mm）

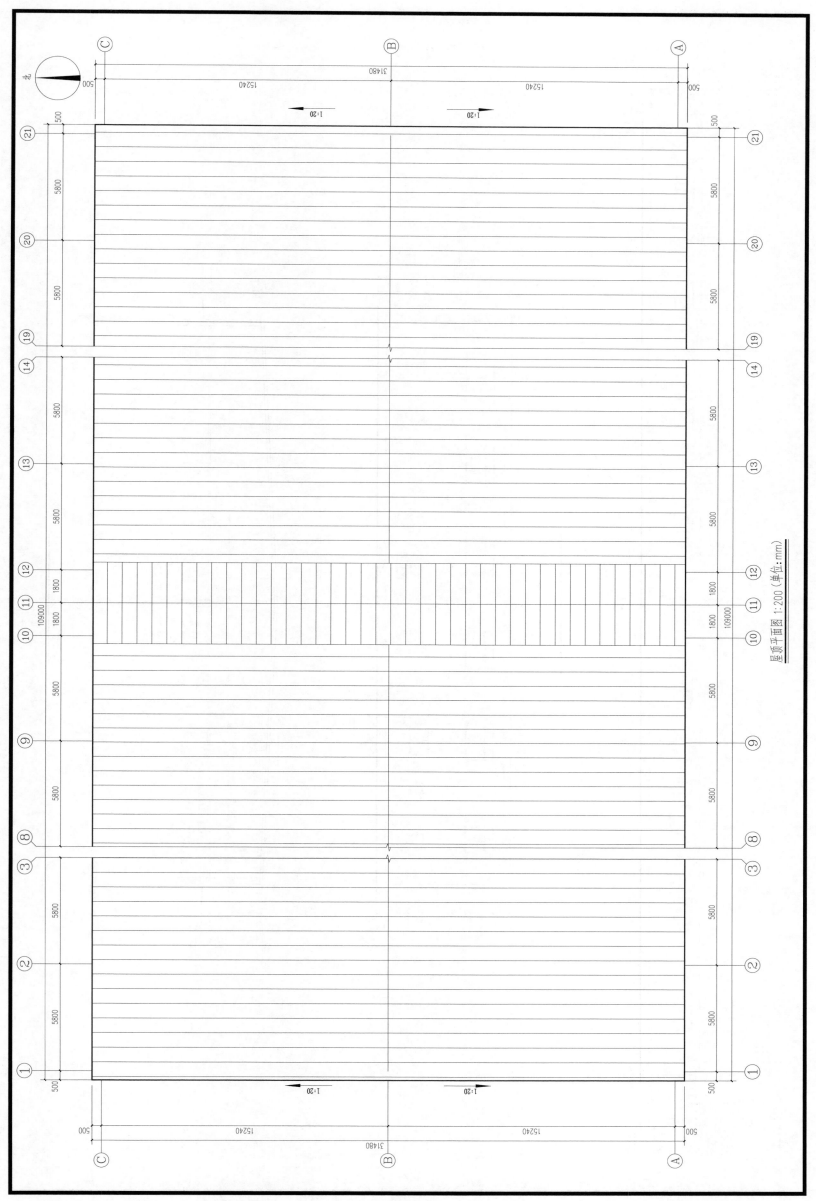

屋顶平面图 1:200（单位：mm）

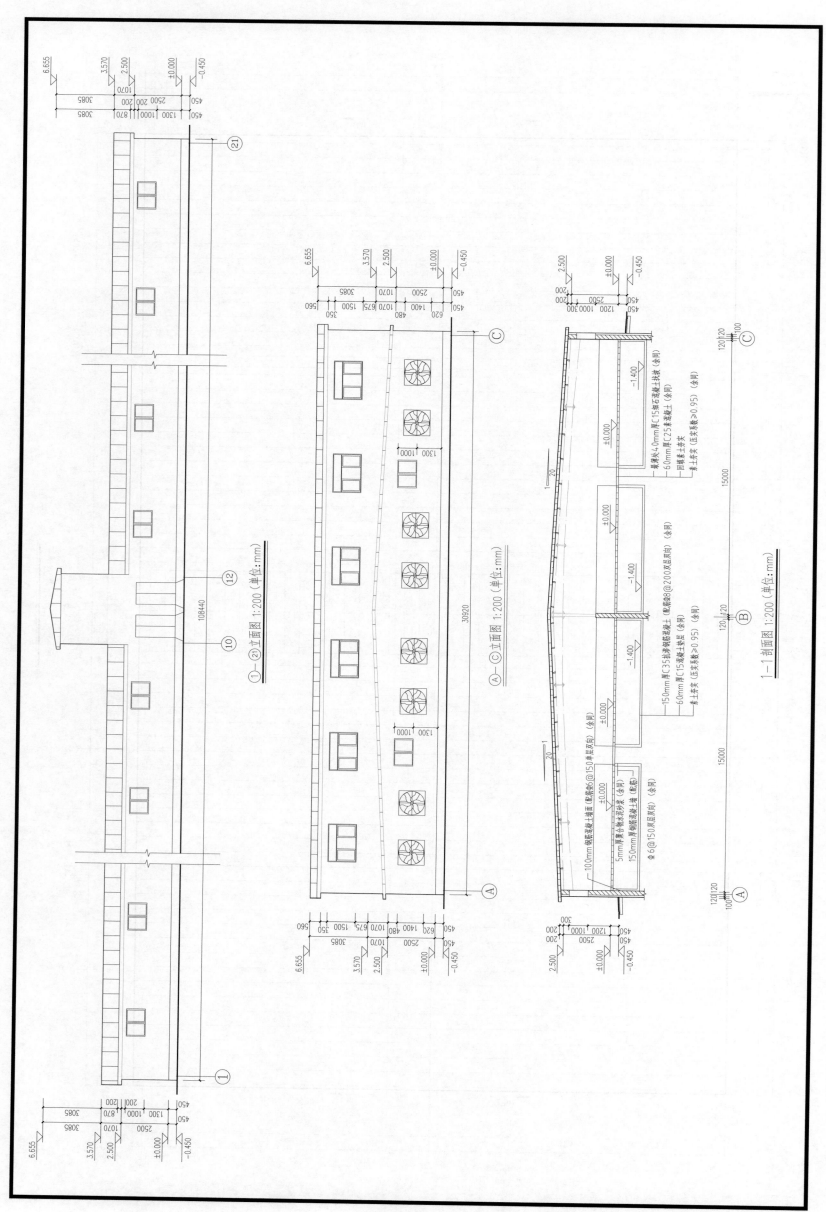

① — ② 立面图 1:200 (单位:mm)

④ — ⑥ 立面图 1:200 (单位:mm)

1—1剖面图 1:200 (单位:mm)

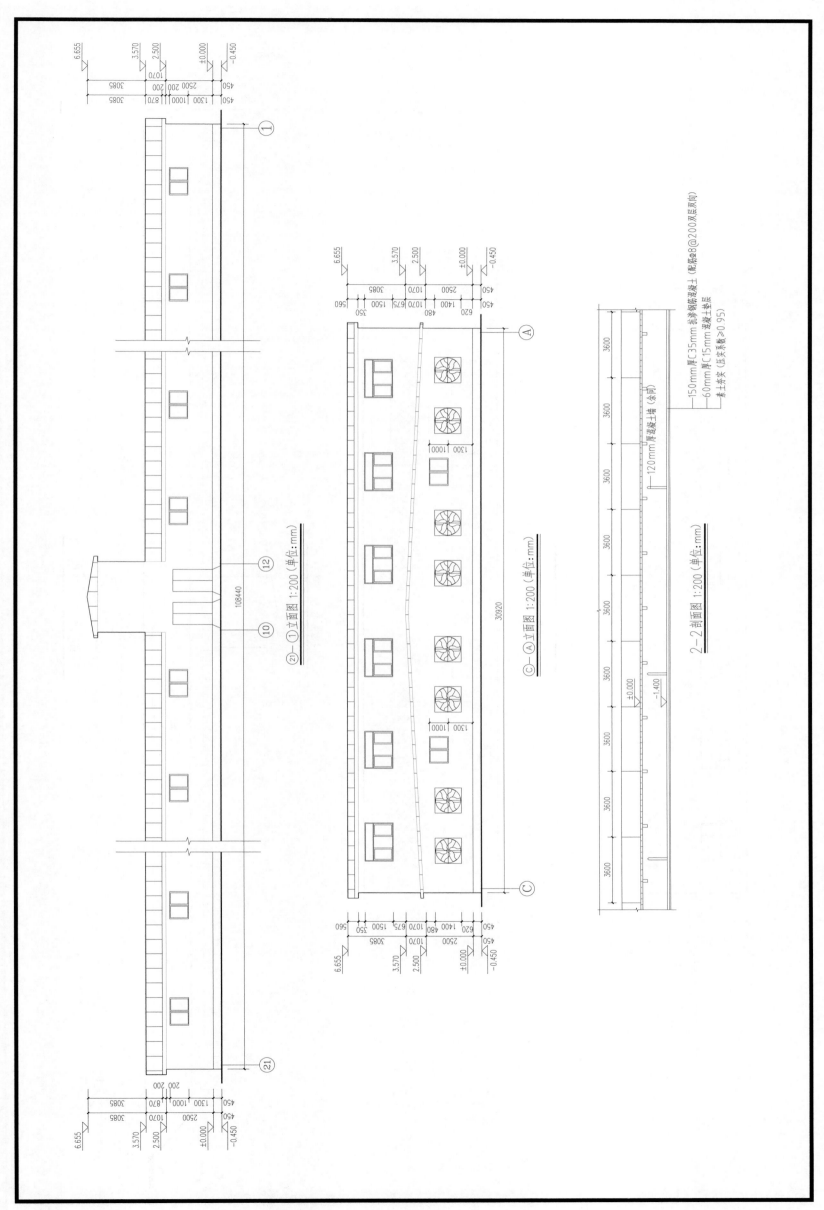

②—①立面图 1:200（单位：mm）

ⓒ—Ⓐ立面图 1:200（单位：mm）

2—2剖面图 1:200（单位：mm）

—150mm厚C35mm抗渗钢筋混凝土（配筋Φ8@200双层双向）
—60mm厚C15mm混凝土垫层
素土夯实（压实系数≥0.95）

120mm厚混凝土墙（含同）

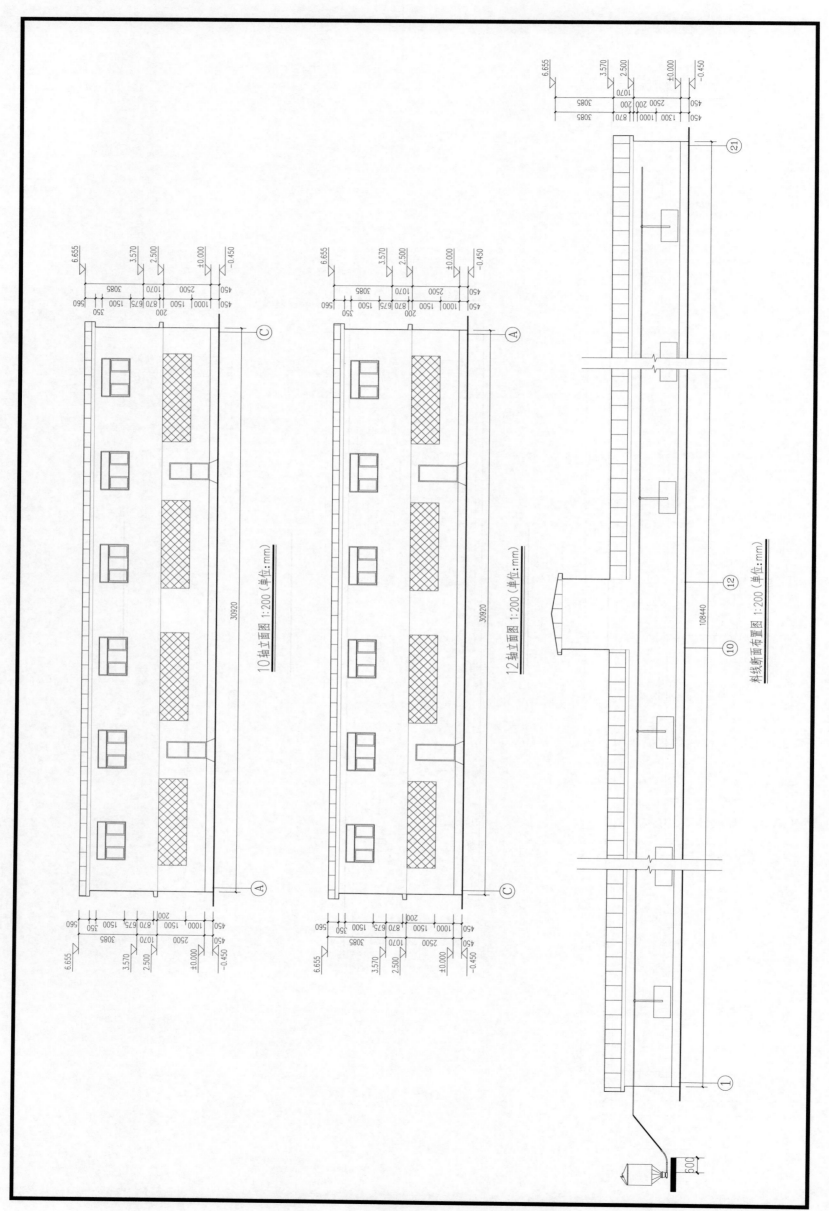

10轴立面图 1:200（单位：mm）

12轴立面图 1:200（单位：mm）

料线断面布置图 1:200（单位：mm）

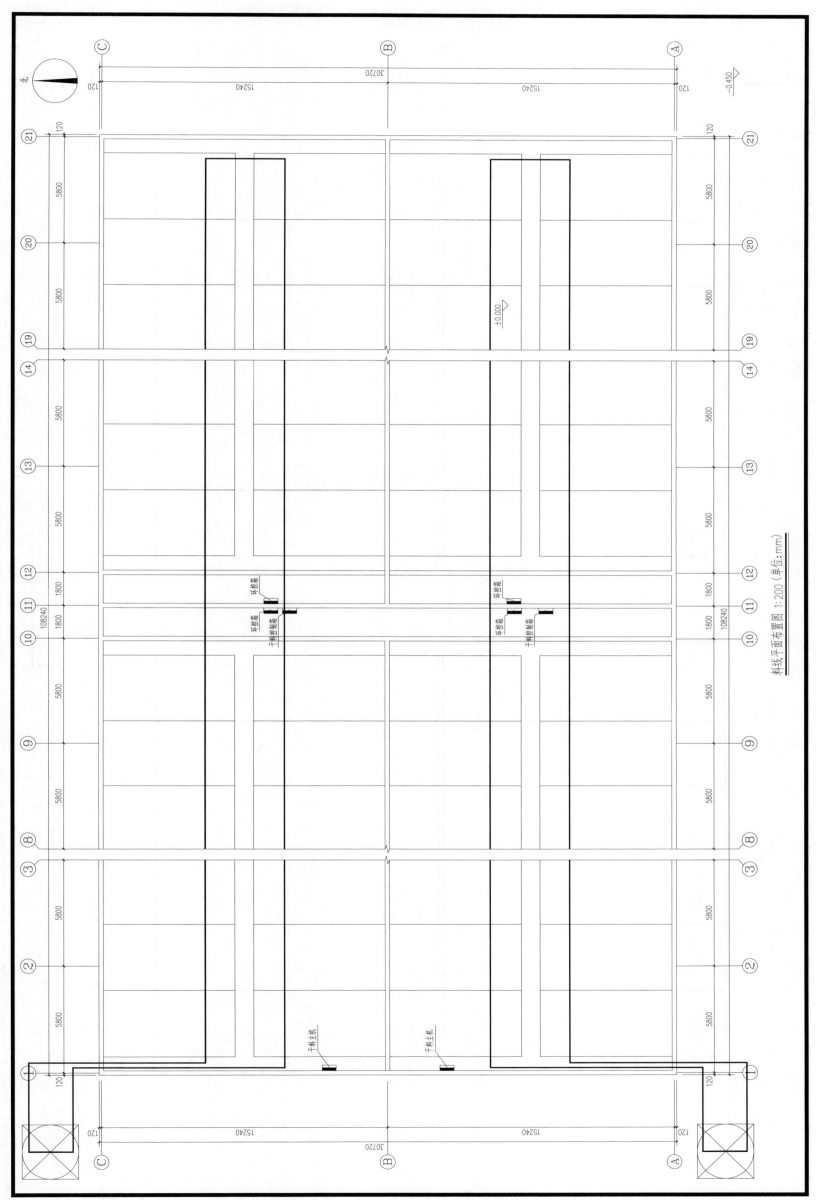

料线平面布置图 1:200（单位：mm）

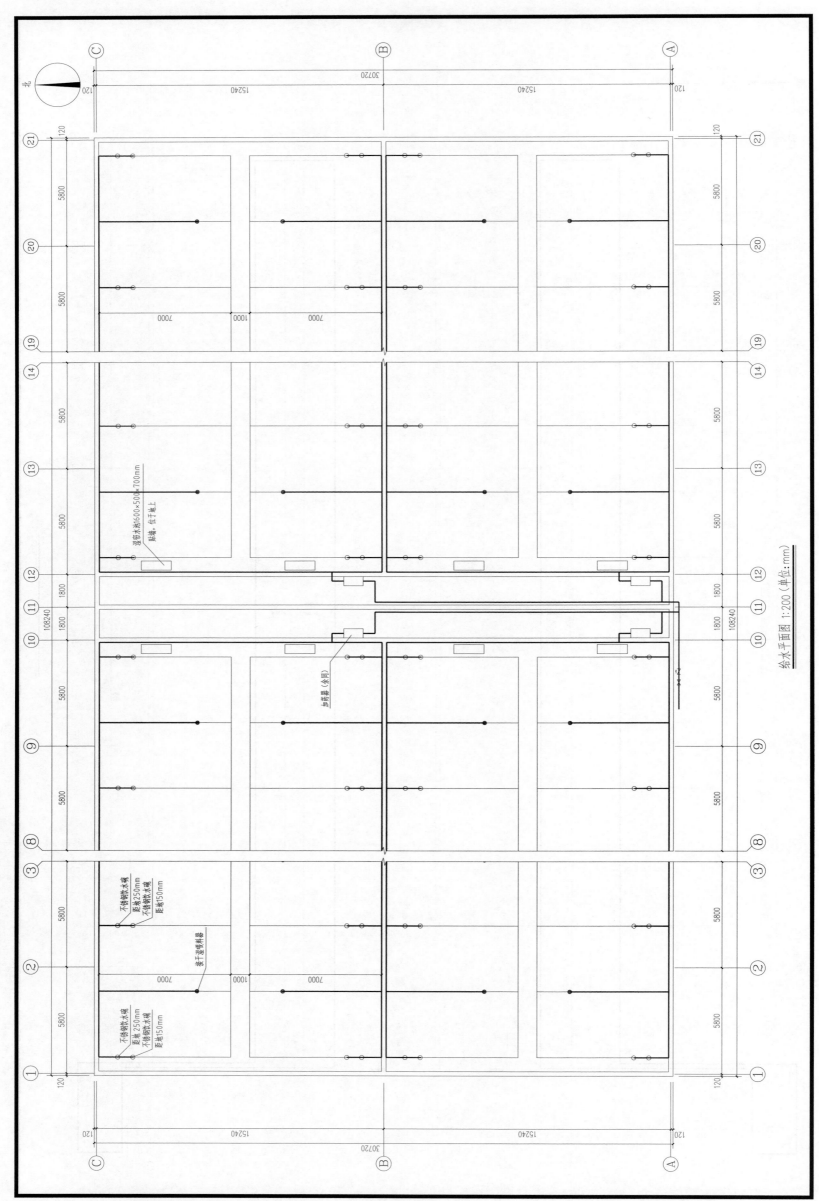

给水平面图 1:200（单位:mm）

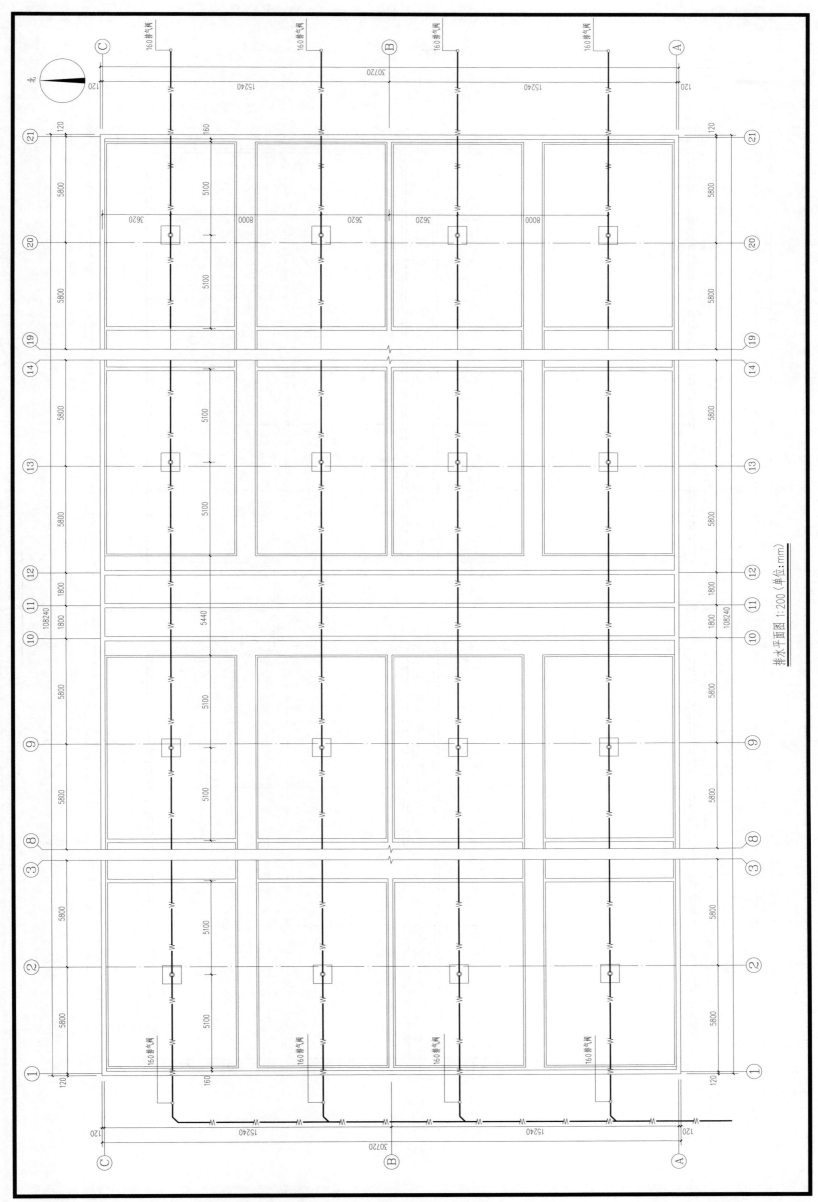

排水平面图 1:200（单位：mm）

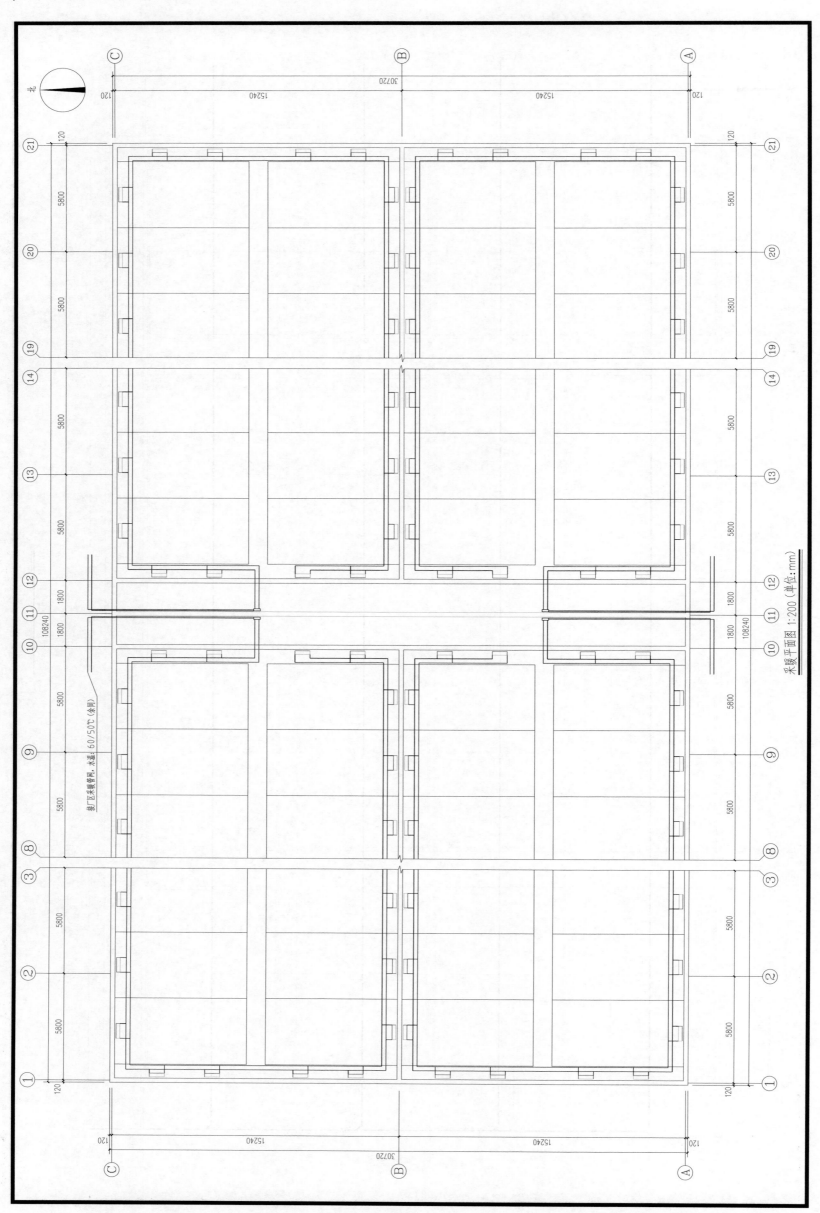

采暖平面图 1:200 (单位:mm)

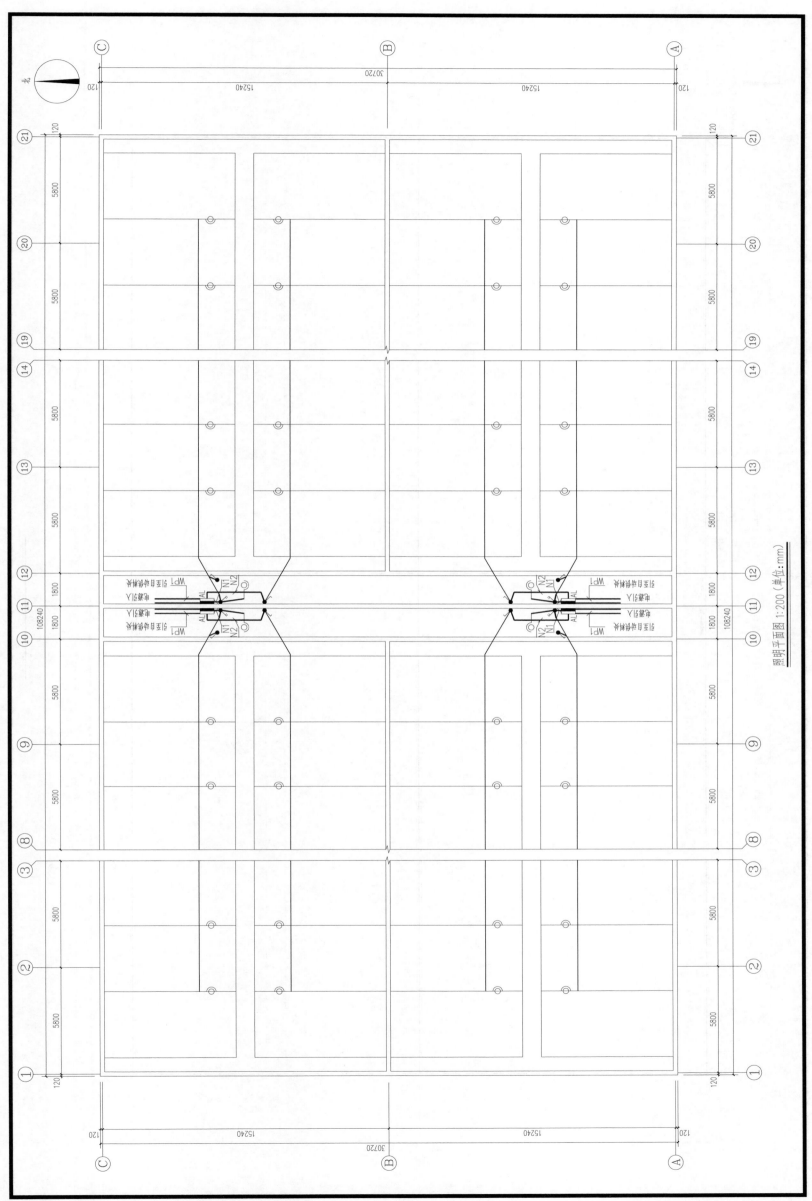

照明平面图 1:200 (单位:mm)

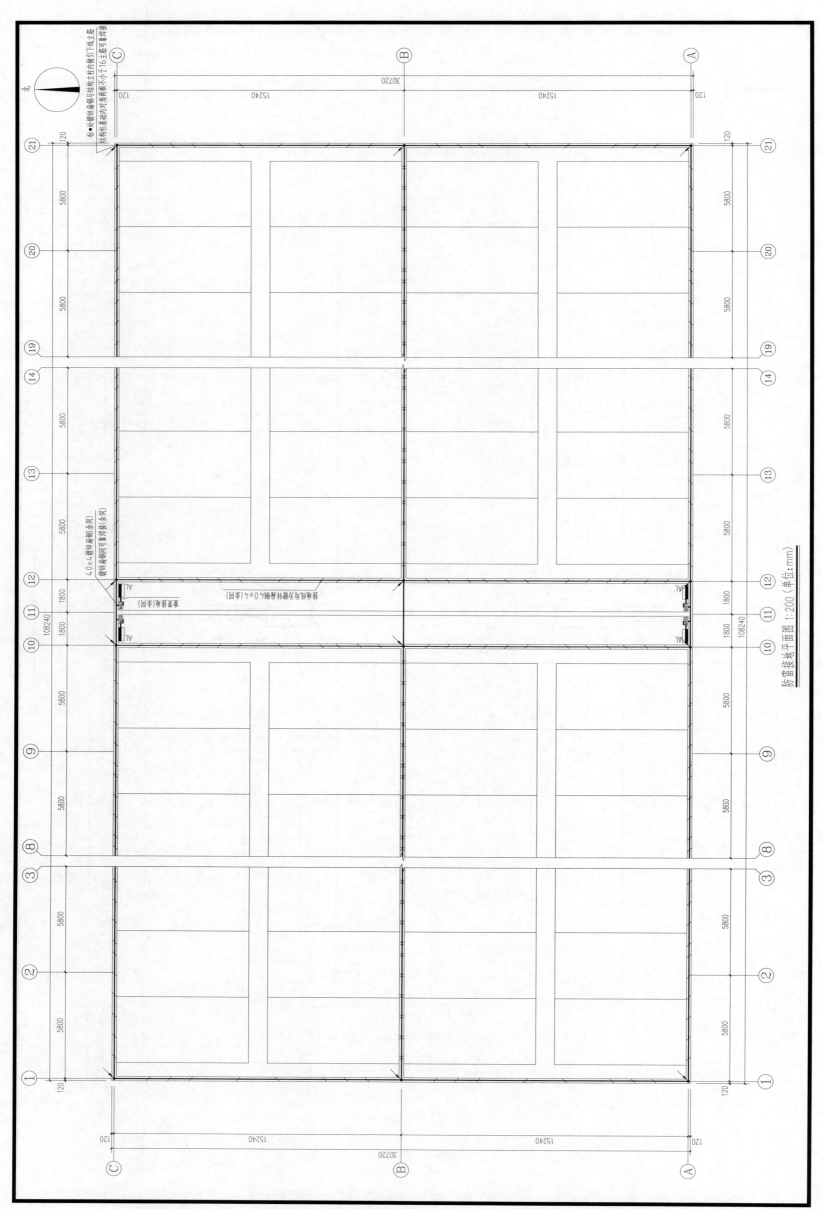

防雷接地平面图 1:200（单位：mm）

四、湖北省钟祥市某年出栏 1 万头生猪福利化猪场商品猪舍

1. 区位特点

该猪场（图 2-7）位于湖北荆门钟祥市，地理方位为东经 112°27′，北纬 31°51′。钟祥市交通便利，位于湖北省中部、汉江中游，全境地势呈东西部多山，两侧高，中部平展，从北向南倾斜平缓下降。靠近水源，境内水域面积广阔，库、堰、河流、湖泊众多，水网密布，主要有汉江干流及其支流。

图 2-7 湖北钟祥猪场全貌

湖北省是生猪生产大省，2020 年共出栏生猪 3054.4 万头，存栏 2161.46 万头，同比增长 33.6%。能繁母猪存栏 220.68 万头，同比增长 35.8%。生猪和能繁母猪存栏分别达到 2017 年末的 83.83%、86.6%。同时湖北省新建、改扩建猪场 1407 个，新增生猪存栏 236.34 万头，新增能繁母猪存栏 36.78 万头。

钟祥市属于北亚热带季风湿润气候区，具有四季分明、热量丰富、光照适宜、雨水充沛、雨热同季、无霜期长等特点。年平均气温 16.2℃，冬冷夏热，春季气温多变，秋季气温下降迅速。一年之中，1 月最冷，平均气温为 2~4℃。7 月最热，平均气温为 27~29℃，极端最高气温可达 40℃以上。无霜期 250~267d，年均降水量 1119mm，年均日照时数 1700h。

本地区猪舍建筑重点关注夏季隔热、通风和降温，兼顾冬季防寒，并应考虑暴雨、泥石流等危害。

2. 工艺设计

本设计是一个年出栏 1 万头生猪自繁自育猪场配套的育肥猪舍项目。保育和育肥猪均为大群圈栏饲养，包括保育和育肥阶段（29~180 日龄），其中 29~70 日龄是保育期，71~180 日龄是育肥期，出栏体重 110kg。

3. 建筑设计

保育猪与母猪舍合建 1 栋，育肥猪舍为独立的一栋建筑（图 2-8），其长度 89.50m、跨度 36.00m，总面积 3222.00m²，吊顶高 3.50m，檐高 4.25m，屋面坡度比为 1:10，柱距 5.5m。屋面采用 0.476mm 厚 820 彩钢板、

a.保育舍   b.育肥舍

图 2-8 湖北钟祥保育和育肥舍内景

100mm 厚玻璃棉卷毡（表面覆铝箔纸，容重 16kg/m³）、50mm×50mm 钢丝网和檩条。每单元设一个 0.88m 宽的靠墙走道用于饲养人员的通行，一个 0.76m 宽的通廊连接各个单元舍以便猪群的转移。猪舍除前端的转猪通廊，在后端设一条排污通廊来集中处理舍内排出的有害气体，同时猪舍一侧的通廊将转猪通廊和排污通廊连接起来，用于病死猪的转移，防止交叉感染，既利于防疫，又给猪群提供充足的散热空间，适于华中地区的猪舍。

4. 栏位设计

猪舍单栋存栏量 2560 头，饲养密度 0.90m²/头，舍内划分 8 个单元，每单元共有猪栏 1 列，每列 8 个栏位，共计 64 个猪栏，每单元存栏 320 头育肥猪。单个栏位尺寸为 9.88m×4.00m，栏位面积为 35.92m²。栏内根据猪只定点排泄的习惯，严格划分采食躺卧区和排粪区，遵循福利化养殖标准。

5. 排污设计

猪舍采用漏缝地板和实体地面相结合的方式，漏缝地板位于猪栏内侧，宽 3.88m。水泥地板位于猪栏外侧，宽 6.88m。猪在水泥地板上进行采食、躺卧活动，在漏缝地板上进行排泄，方便粪污的干湿分离。清粪方式采用机械干清粪。通过驱动电机带动牵引绳拉动刮粪板来回运行，将粪沟底部的粪污及时清空，时刻提供给猪舍干爽卫生的环境。同时为便于集中处理，将各单元舍的粪污刮至主粪沟内，在主粪沟内再次进行机械干清粪，将所有粪污刮至猪舍一旁的粪污管道排出。

6. 环境设计

该区域的环境设计以夏季降温和通风为主。猪舍设计温度 18～22℃，舍内风速 1.8m/s。夏季采取湿帘-风机的纵向通风，高速的风通过湿帘，水分蒸发带走大量热量，从而起到降低温度的效果。春秋季和冬季均采用屋檐开口加顶小窗进风搭配风机通风，新风从檐下进入房舍过道，之后再进入吊顶，从吊顶进风窗到达猪舍内部的方式，使寒冷的新风在房舍内部经过长距离运行与房内空气充分混合升温后再进入猪舍，避免冷空气对猪产生冷应激。风机组为多级控制，分为不同排量的风机组。整个连栋猪舍配置 1 片长度 45.00m 的湿帘，每单元设 1 台 EM24 风机、1 台 EM36 风机和 1 台 EM52 风机。每单元 32 个的吊顶小窗均布成两列，正东靠墙处设一个 1.00m×1.00m 的检修口。此地区冬季温度基本在 0℃ 以上，极端天气可以配置移动燃油采暖机进行供暖。

7. 特色设计

（1）按照"以猪为本"理念，保育和育肥猪舍均采用大群饲养，猪舍内栏位设计参考《健康养猪工程工艺模式：舍饲散养工艺技术与装备》的规定进行福利化工艺设计，严格规定猪只的排泄、躺卧、采食和游玩区域。

（2）猪舍设置单独的消毒间（图 2-9、图 2-10），包括更衣室、淋浴间、卫生间、办公室，各部分数量时间遵循人员需求。

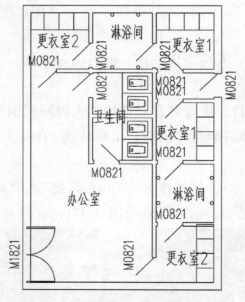

图 2-9 单独配置猪舍的消毒间布置

图 2-10 湖北钟祥猪舍消毒间

（3）猪舍粪污处理方式采用干湿分离工艺，使用研发的刮板平刮清粪的干清粪系统汇总舍内粪污后，用小车运输，实现了清粪方式的完全智能化。干湿分离后，猪粪养殖蚯蚓做肥料，猪尿直接用作猪场旁边的玉米地的肥料，最终达到种养结合，用土地消纳养殖场的粪污。粪污全部实现资源利用，做到"零排放"。

（4）猪舍内的排风通道位于猪舍北侧，舍内污浊空气经风机抽出后，汇总到除臭间进行统一处理，除臭间位于排风通道的一侧，其侧壁上设有用于过滤废气中的杂质和有害气体的除臭部，除臭间内的废气通过除臭部排出，能够有效过滤掉舍内排除废气的杂质和有害气体，减小污浊空气排出对环境产生的污染。

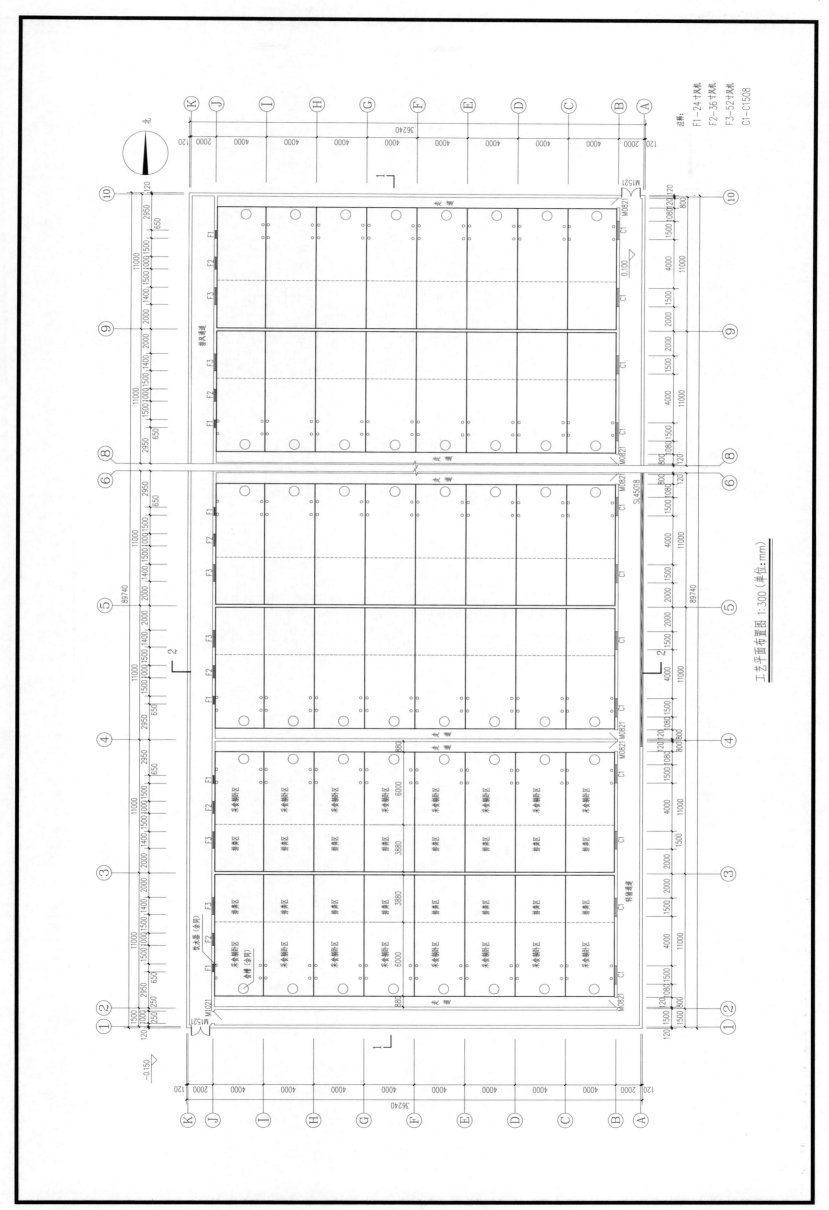

工艺平面布置图 1:300（单位：mm）

过梁：
F1-24寸风机
F2-36寸风机
F3-52寸风机
C1-C1508

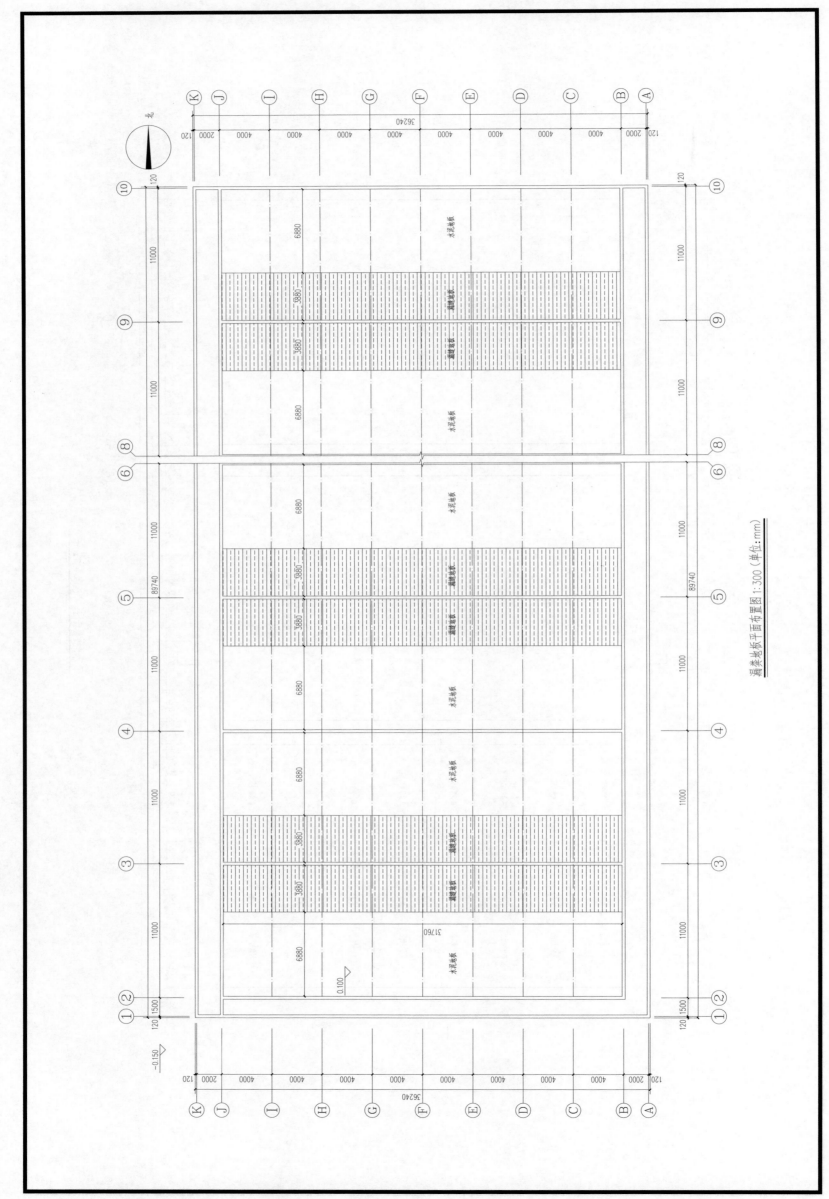

漏粪地板平面布置图 1:300（单位：mm）

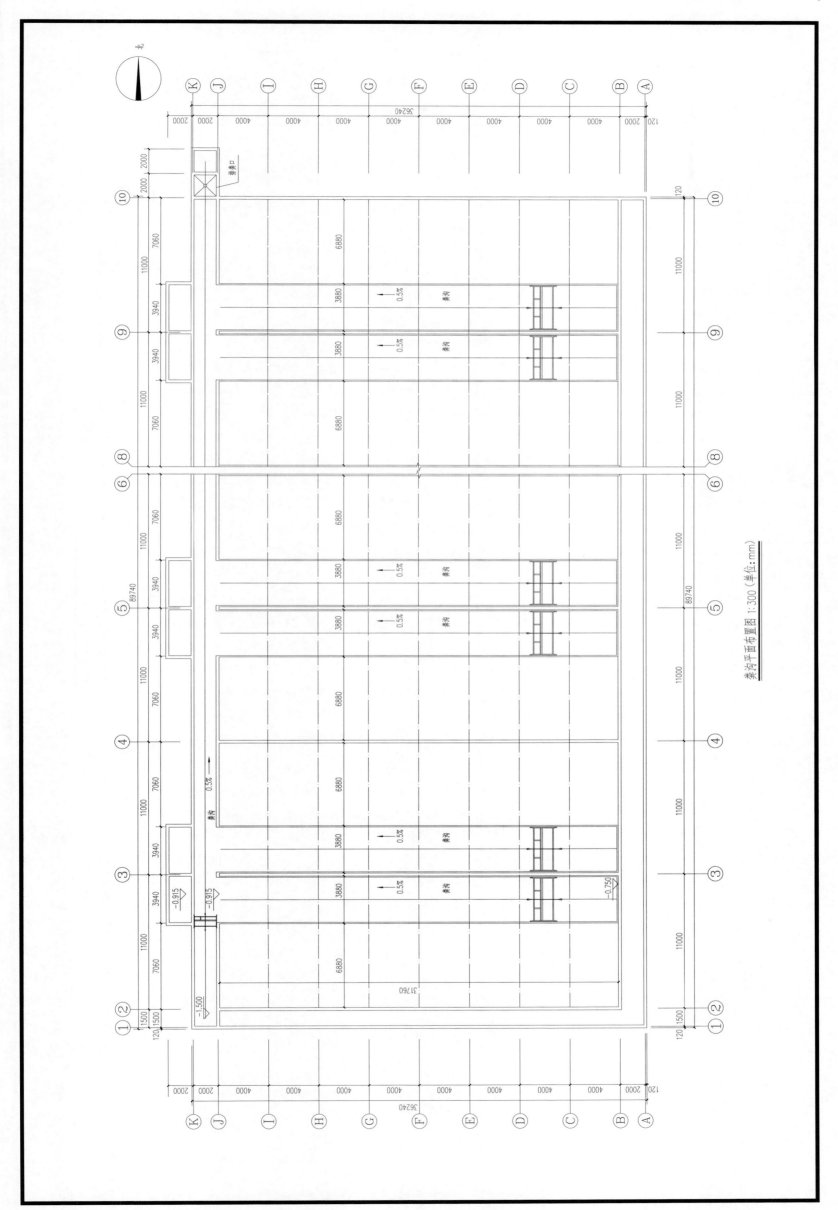

粪沟平面布置图 1:300（单位:mm）

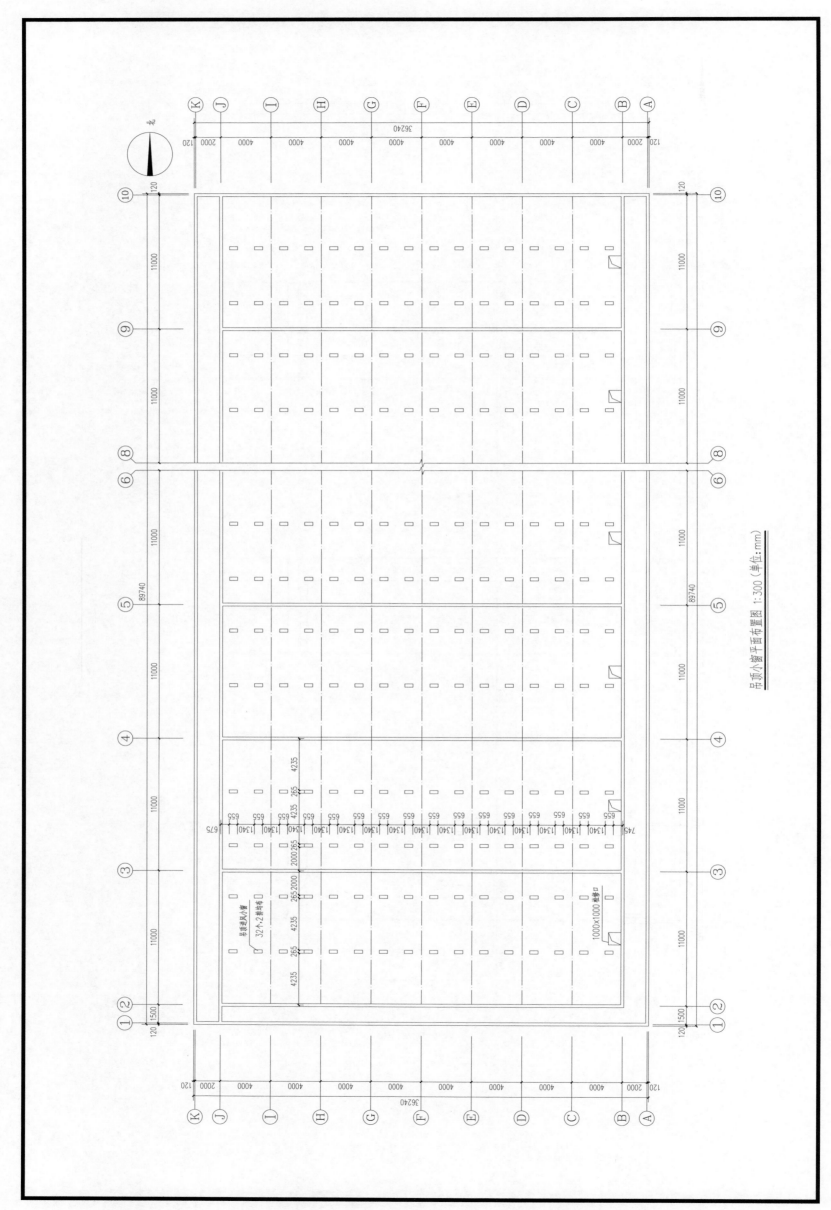

吊顶小窗平面布置图 1:300（单位：mm）

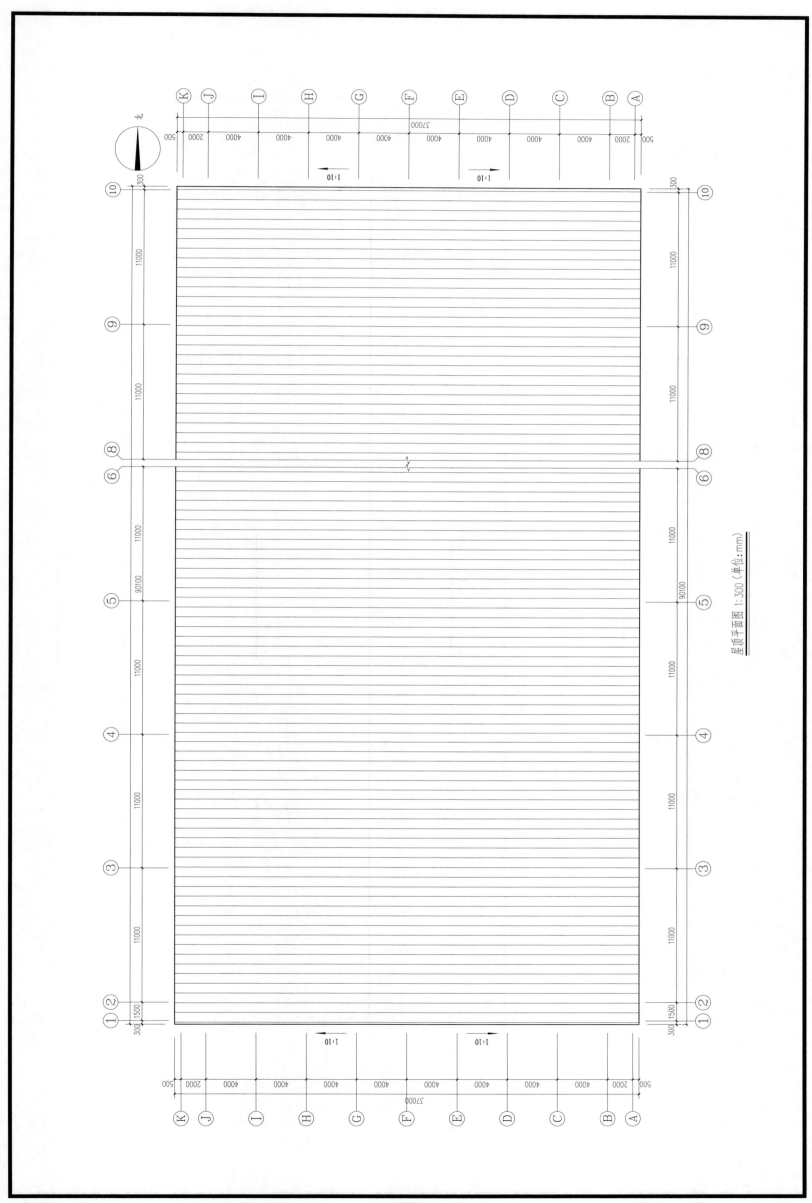

屋顶平面图 1:300 (单位: mm)

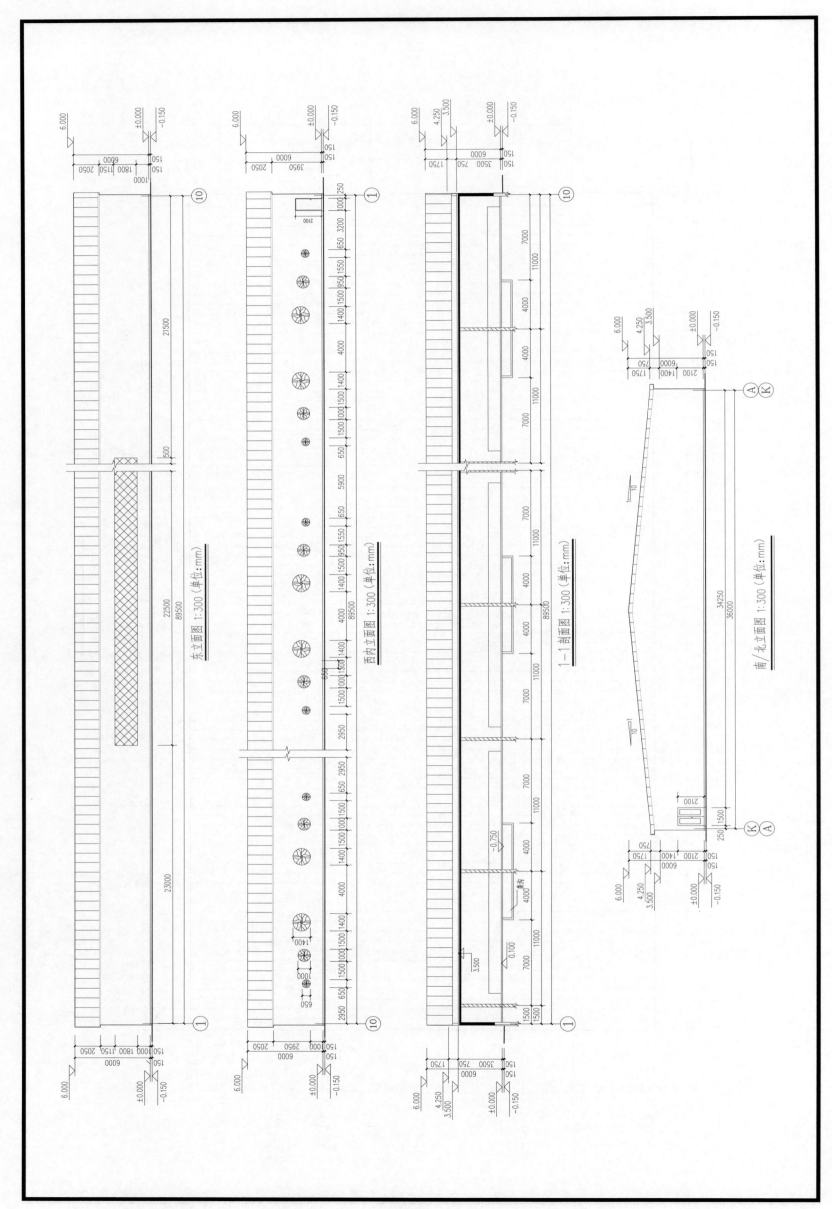

东立面图 1:300（单位：mm）

西内立面图 1:300（单位：mm）

1—1剖面图 1:300（单位：mm）

南/北立面图 1:300（单位：mm）

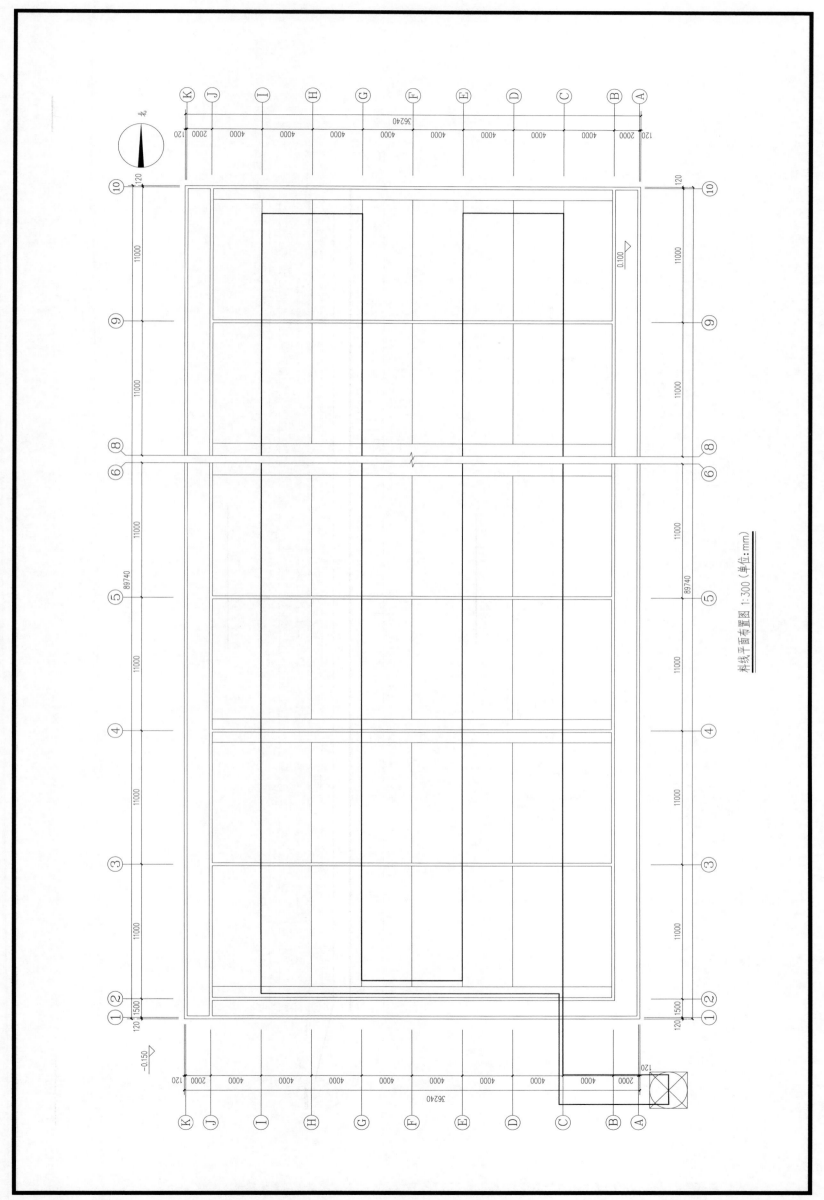

料线平面布置图 1:300（单位：mm）

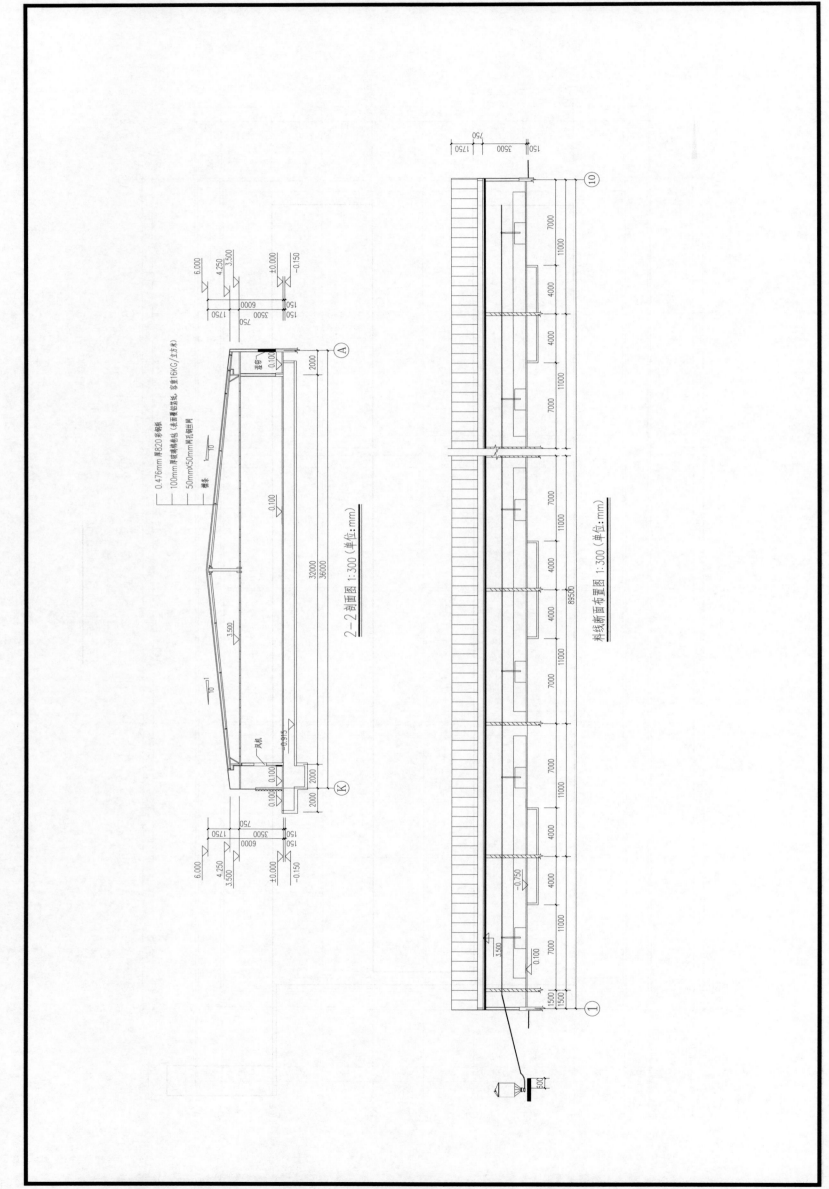

2—2剖面图 1:300（单位：mm）

料线断面布置图 1:300（单位：mm）

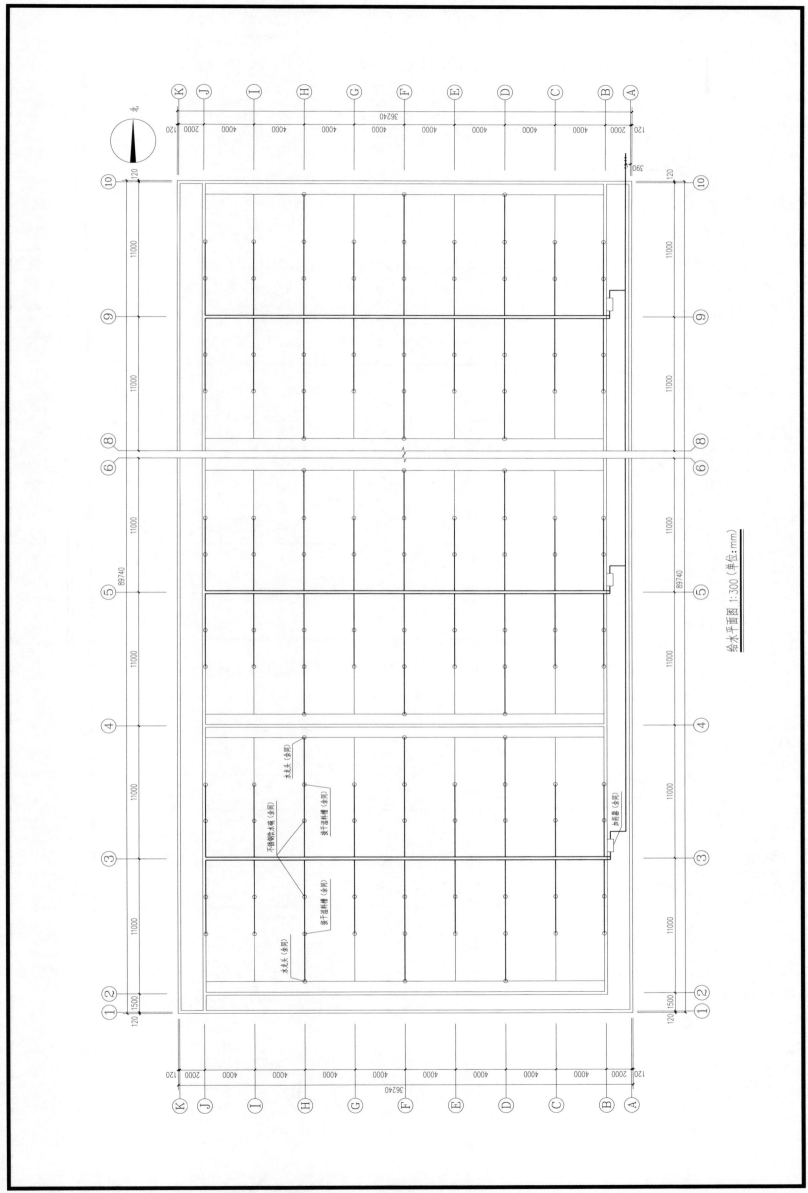

给水平面图 1:300 (单位: mm)

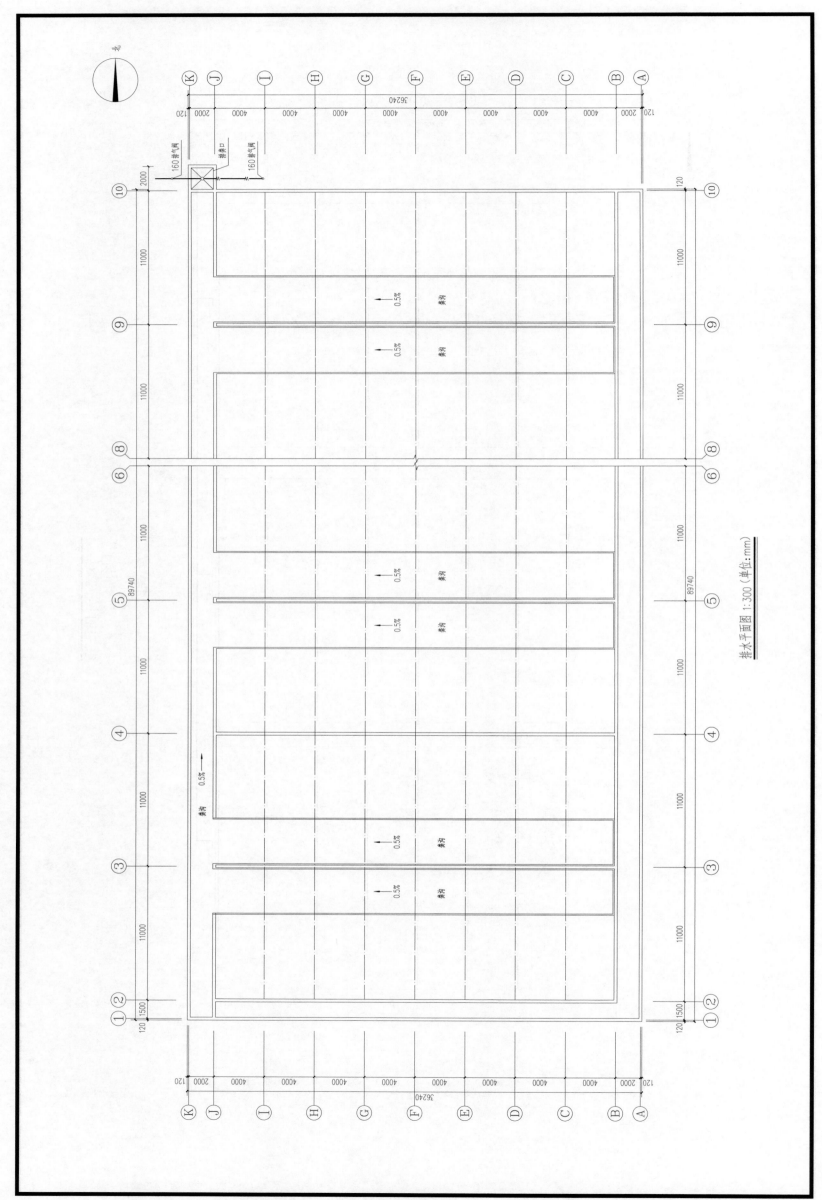

排水平面图 1:300（单位：mm）

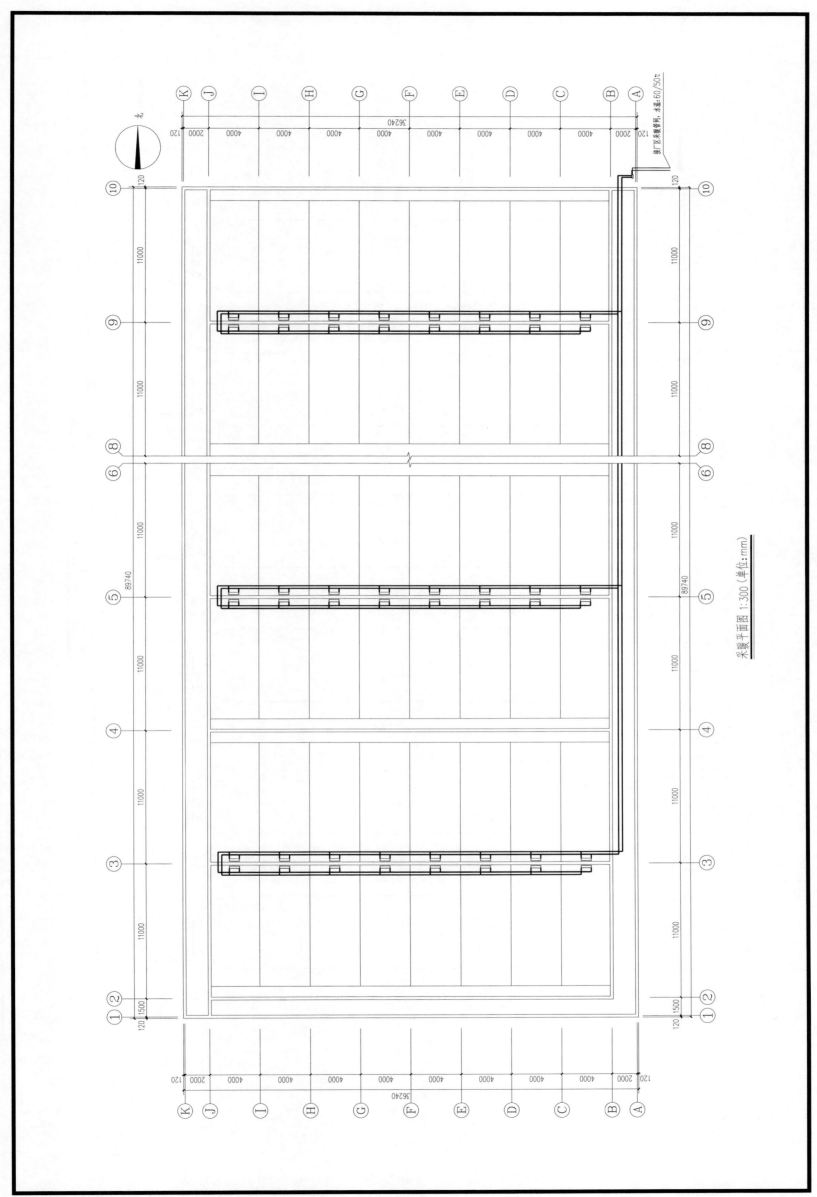

采暖平面图 1:300（单位：mm）

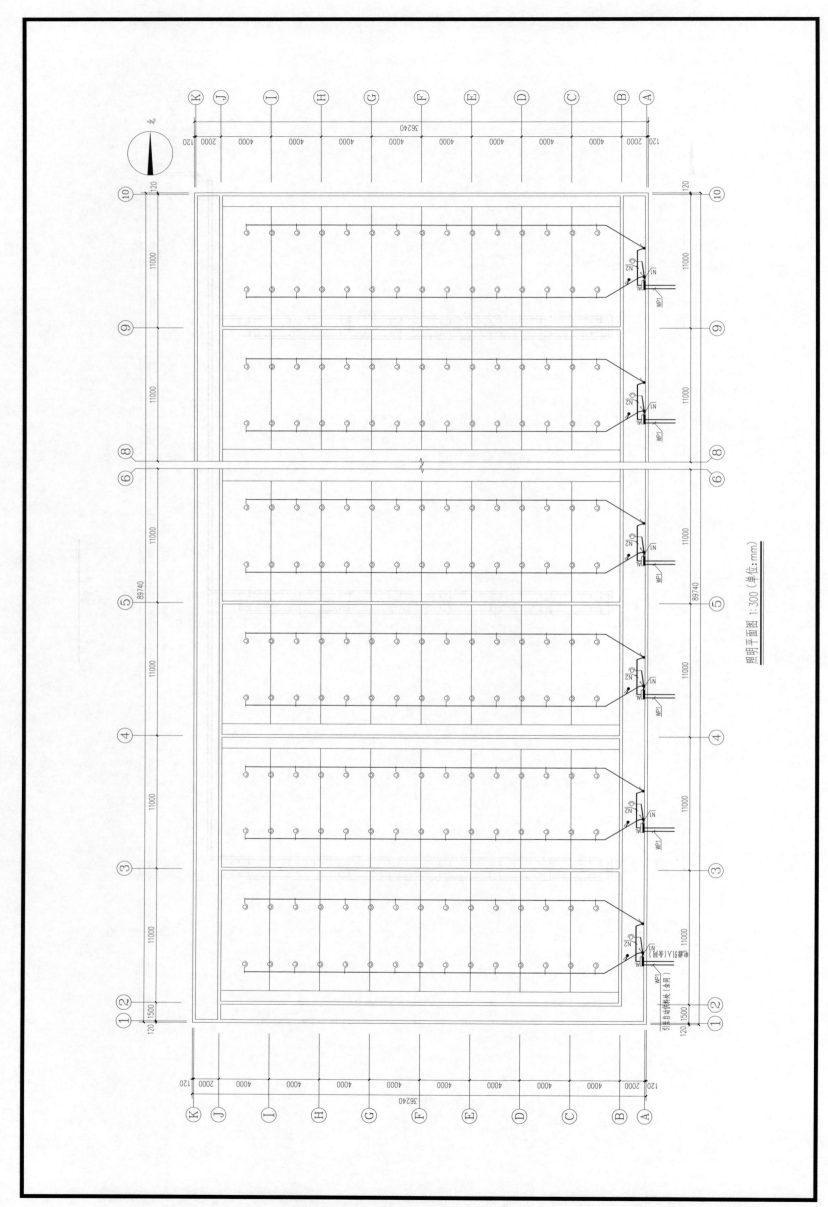

照明平面图 1:300（单位:mm）

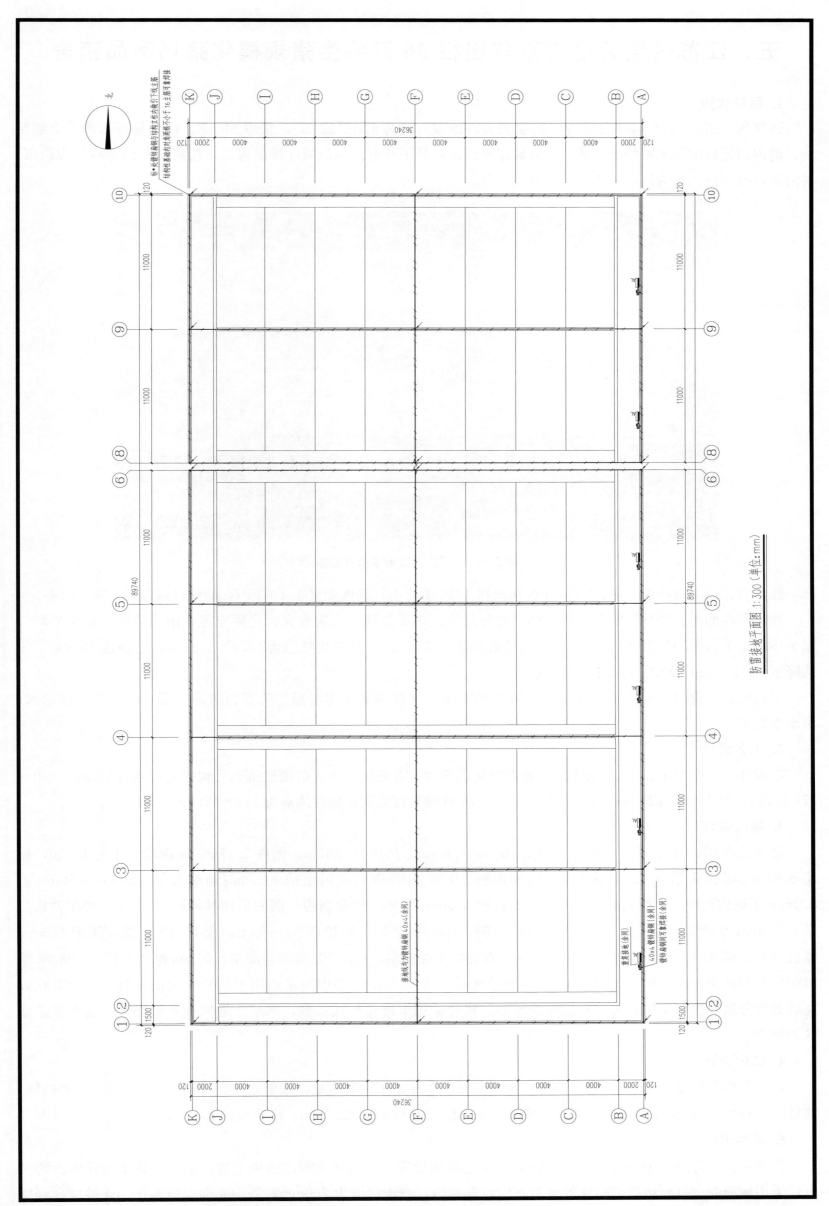

防雷接地平面图 1:300（单位：mm）

五、江苏省连云港市某年出栏 36 万头生猪规模化猪场商品猪舍

1. 区位优势

该猪场（图 2-11）位于江苏连云港灌云县，地理方位为东经 112°27′，北纬 31°51′。此地靠近水源，交通便利，境内河流属淮河水系的沂、沭、泗流域尾闾河道，其中新沂河为流域性排洪河道，盐河和古泊善后河为跨市、县河流，叮当河、官沟河、云善河贯穿县境南北。

图 2-11　江苏连云港某猪场全貌

江苏省作为生猪产业大省，2020 年生猪出栏 1825.7 万头，猪肉产量 1.4×10^6 t，能繁母猪存栏 138.1 万头。

猪场所在的连云港处于暖温带与亚热带过渡地带，四季分明，寒暑宜人，光照充足，雨量适中。常年平均气温为 14℃，1 月平均气温为 -0.4℃，极端低温低至 -19.5℃。7 月平均气温为 26.5℃，极端高温高达 39.9℃。年均降水量 1155mm，年均日照时数 1920h。

本地区猪舍建筑既要考虑夏季隔热、降温的要求，又要考虑冬季保温、防寒和防冻等要求，并应考虑雨水、洪水等危害。

2. 工艺设计

本设计是一个年出栏 36 万头生猪专业育肥猪场项目。育肥猪舍为大群圈栏饲养，包括育成和育肥阶段（70～175 日龄），其中 70～120 日龄是育成期，121～175 日龄是育肥期，出栏体重为 110～120kg。

3. 建筑设计

猪舍长度 97.58m、跨度 34.38m，总面积 3354.80m²，吊顶高 2.45m，檐高 3.35m，屋面坡度比为 1∶10，柱距 6.94m。屋面采用 0.6mm 厚 470 型屋面面板、0.2mm 厚隔热反射铝箔＋75mm 玻璃丝棉、50mm×50mm×3.0mm 不锈钢丝网、C 型屋面檩条、钢梁屋盖和 0.5mm 厚 840 型彩钢板，墙面采用挂网贴砖、1∶2 水泥砂浆找平、240mm 厚砖墙、边长 60cm×厚度 3mm 角钢、100mm 玻璃丝棉和 0.5mm 厚 840 型彩钢板，地面采用 120mm 厚抗渗 C30 防水细石钢筋混凝土、60mm 厚细石混凝土保护层、双层 PE 薄膜防潮层、50mm 厚砂垫层、300mm 厚级配砂石和素土夯实（压实系数≥0.93）。每单元设一个 0.80m 宽的中间走道用于饲养人员的通行，一个 2.00m 宽的通廊分别连接各个单元舍以便猪群的转移。猪舍采用单排连栋式布置，满足大通风和直接通风，适于华东地区的猪舍。

4. 栏位设计

猪舍单栋存栏量 3542 头，饲养密度 0.80m²/头，舍内划分 7 个单元，每单元共有猪栏 2 列，每列 11 个栏位，共计 22 个猪栏，每单元存栏 506 头育肥猪。单个栏位尺寸 6.45m×2.90m，栏位面积 18.70m²。

5. 排污设计

猪舍的猪栏部分和中间人行走道部分采用全漏缝地板模式。猪在全漏缝地板上进行采食、饮水与排泄。清粪方式采用尿泡粪。每列猪栏的漏缝地板下面均设置粪沟，粪沟深度为 700mm，粪沟底面保持水平、无坡度。利用

挡墙划分粪沟区段，每个区段粪沟下的粪沟接头处配备一个排粪塞，每个排粪塞所处的位置均深800mm，并预留1.00m×1.00m的排粪坑。

6. 环境设计

该区域的环境设计以夏季降温和通风为主。该商品猪舍设计温度18～22℃，舍内风速设为1.8m/s。夏季主要采取纵向通风，又由于该地夏季温度较高，所以应采用湿帘-风机的通风方式进行降温，高速的风通过湿帘，水分蒸发带走大量热量，从而起到降低温度的效果。而春秋季采用吊顶小窗进风搭配小排量风机通风，同时为节省成本，其风机组包含于夏季的大排量风机组中。每单元设3台51寸风机、1台36寸风机和1片长度11.20m的湿帘。每单元24个的吊顶小窗均布成两列，正南靠墙处设一个1.00m×1.00m的检修口。冬季采取屋顶通风（图2-12），于屋顶设14个FC080屋顶变速风机，每单元均布一列，每列两个，并在风机处预留直径900mm的洞口，新风从屋顶进入房舍过道，之后再进入吊顶，从吊顶进风窗到达猪舍内部的方式，使寒冷的新风在房舍内部经过长距离运行与房内空气充分混合升温后再进入猪舍，避免冷空气对猪产生冷应激。由于该地区冬季温度基本在0℃以上，0℃以下的天气相对较少，极端天气可以配置移动燃油采暖机进行供暖。

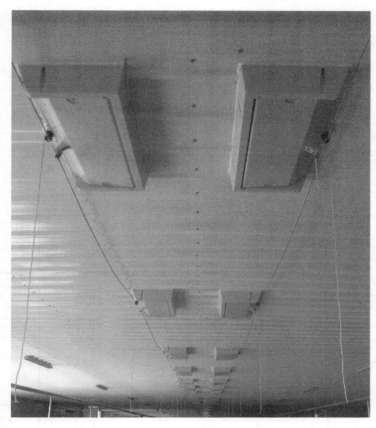

图2-12 屋顶进风口

7. 特色设计

（1）采用小单元模式，满足批次化全进全出要求，切断病原垂直传播途径。

（2）独立的环境控制走廊（图2-13），既可形成稳定的温度和气流，提高环境的舒适性，又可减少设备腐蚀。

（3）贯穿整场的转群通道，便于转猪，减少转群应激。

（4）采用尿泡粪工艺，收集后粪污排入黑膜沼气，之后进入氧化塘，按照施肥季节就地消纳，改良盐碱地，种植青贮玉米。

图2-13 独立设计的环境控制走廊

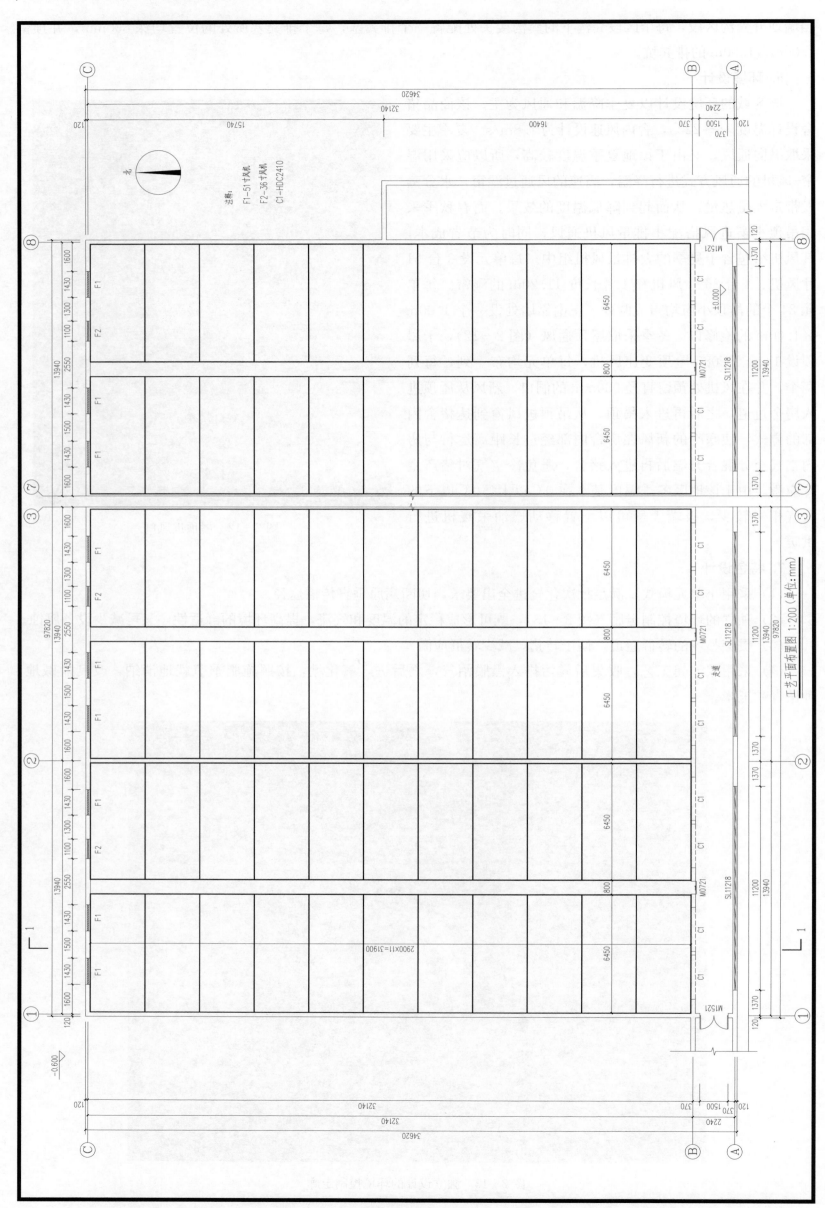

注释:
F1-51寸风机
F2-36寸风机
C1-HDC2410

工艺平面布置图 1:200 (单位:mm)

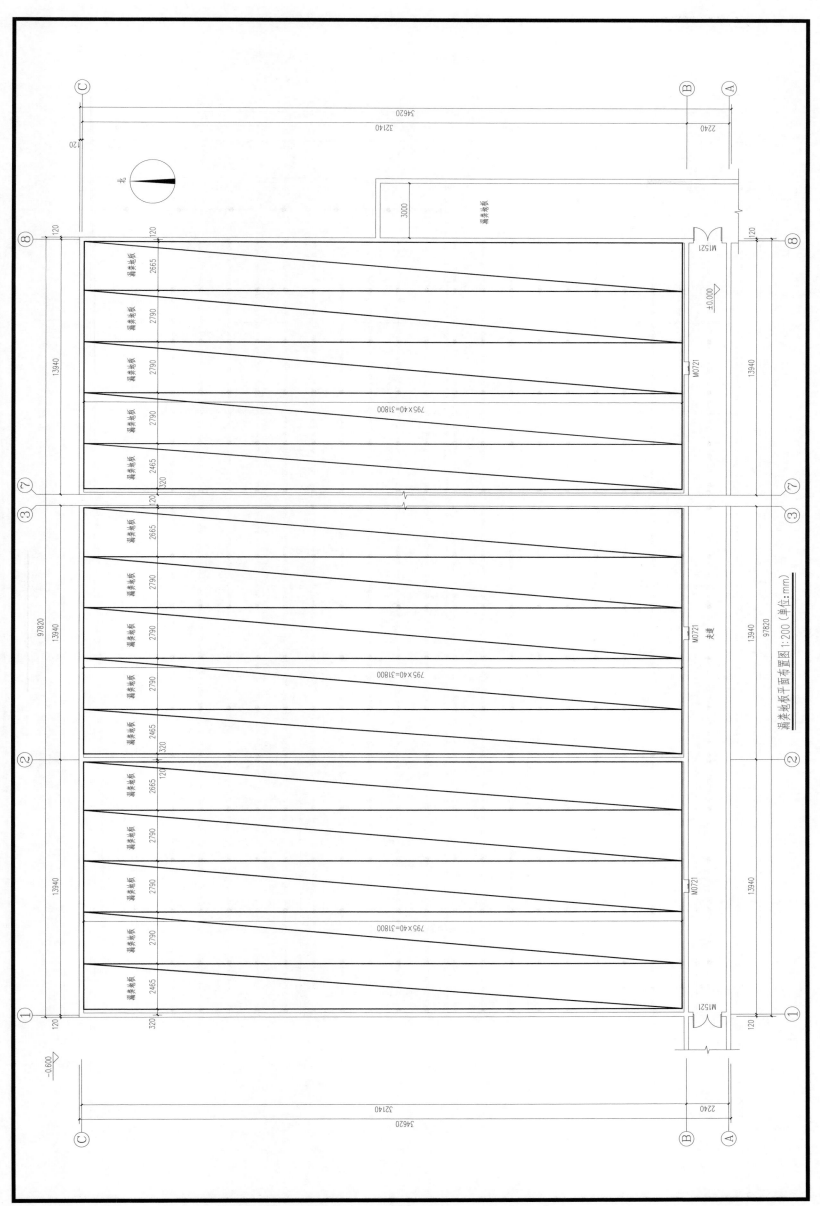

漏粪地板平面布置图 1:200（单位:mm）

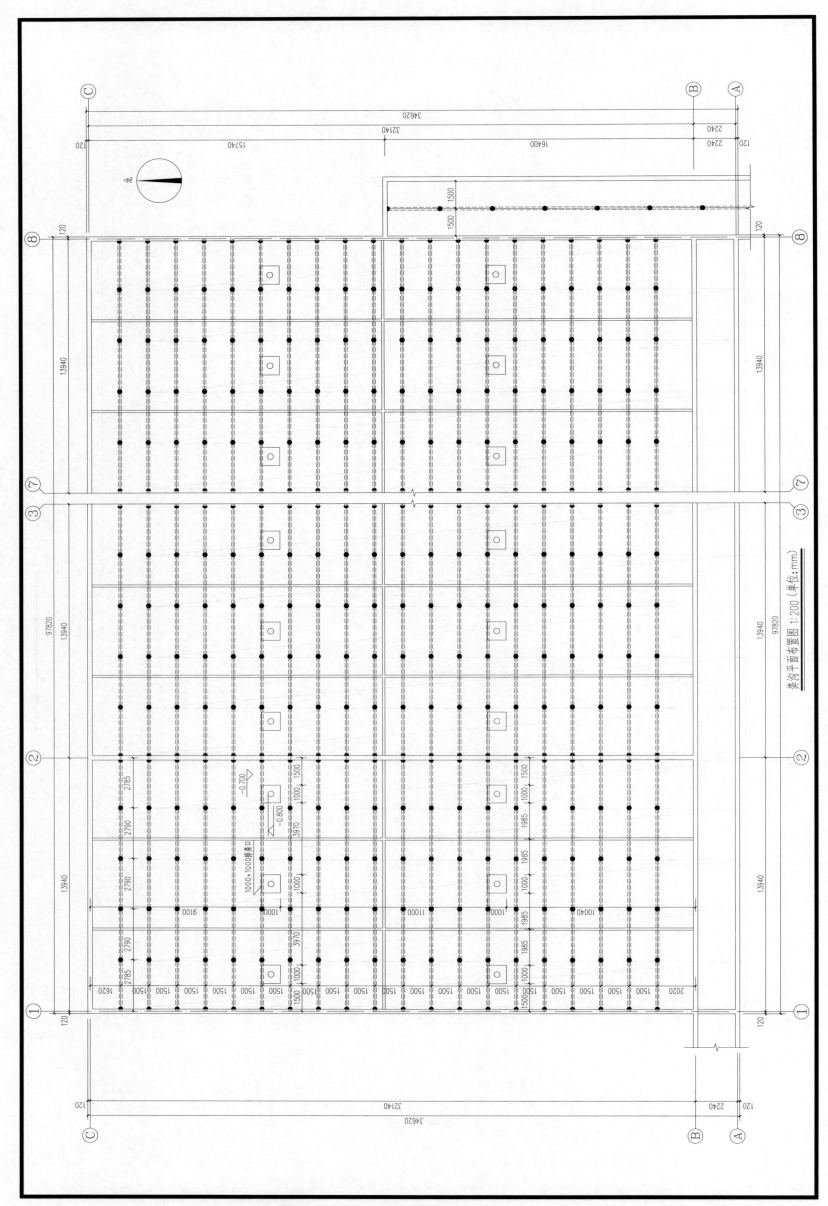

养殖平面布置图 1:200（单位:mm）

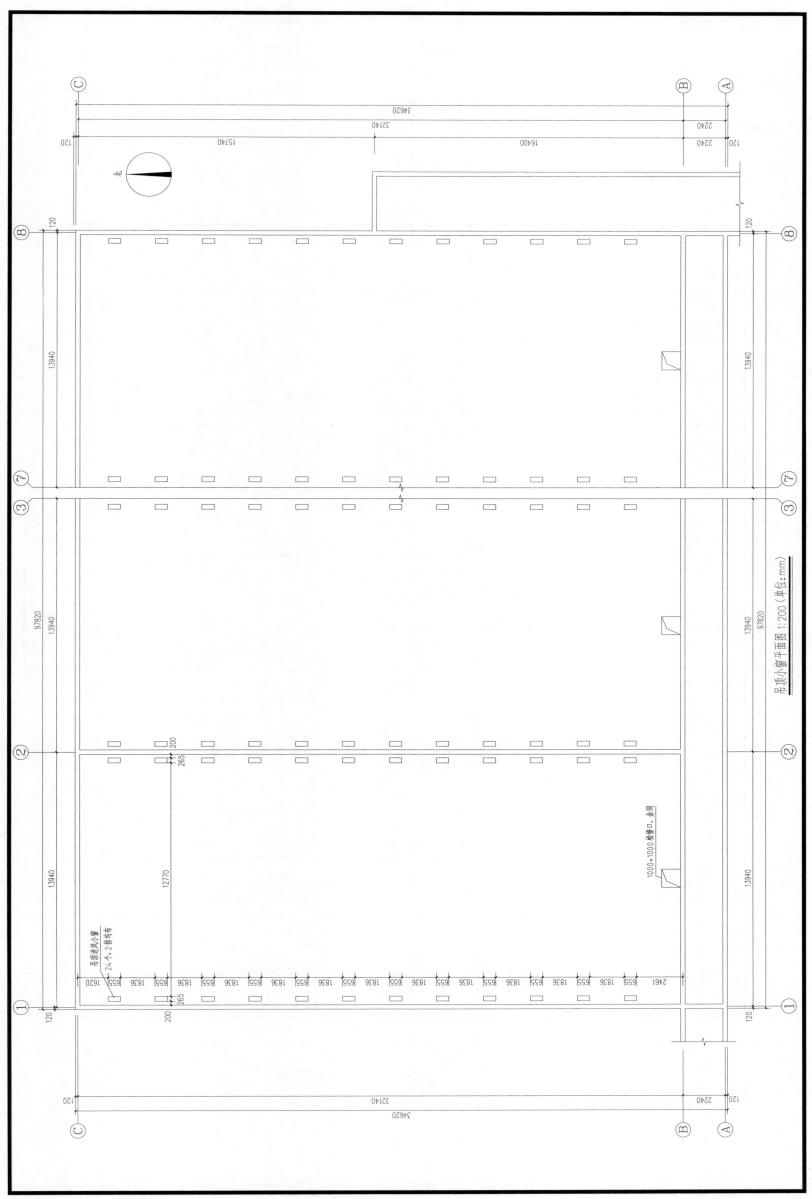

吊顶小窗平面图 1:200（单位：mm）

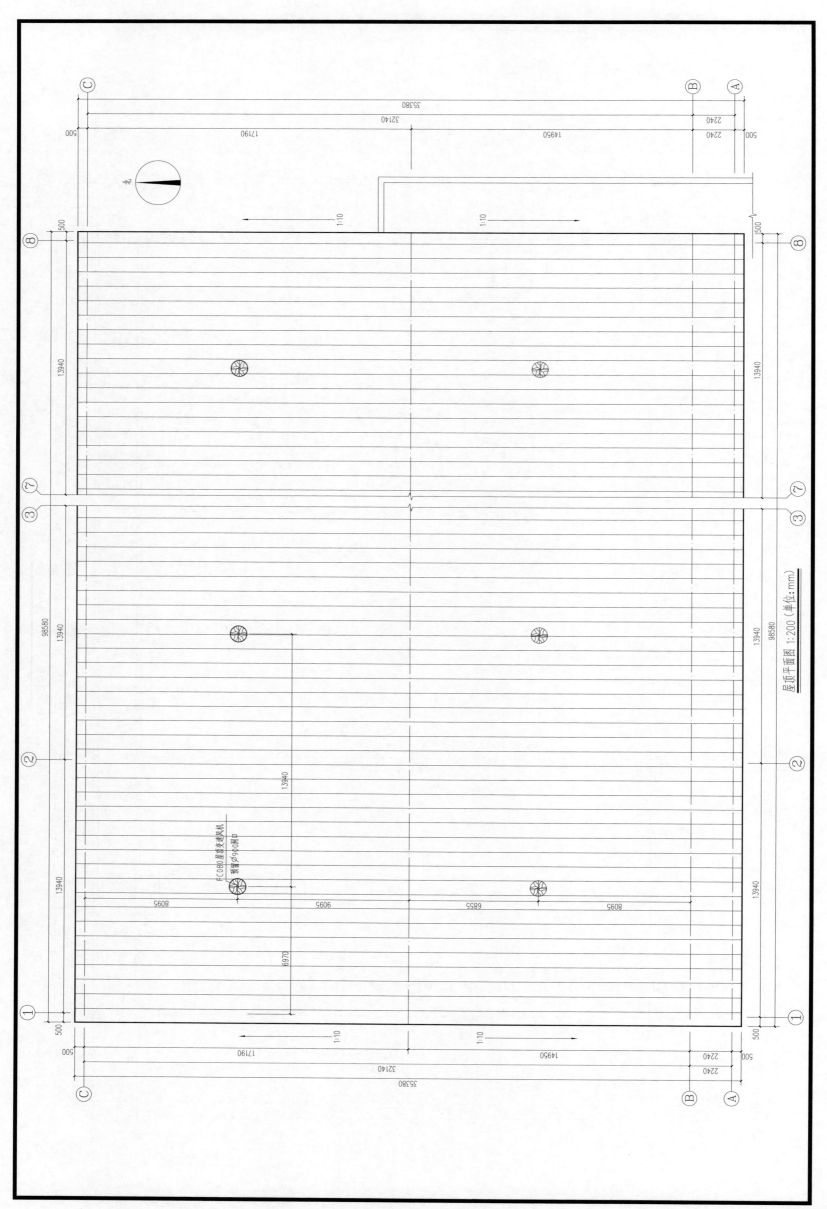

屋顶平面图 1:200（单位：mm）

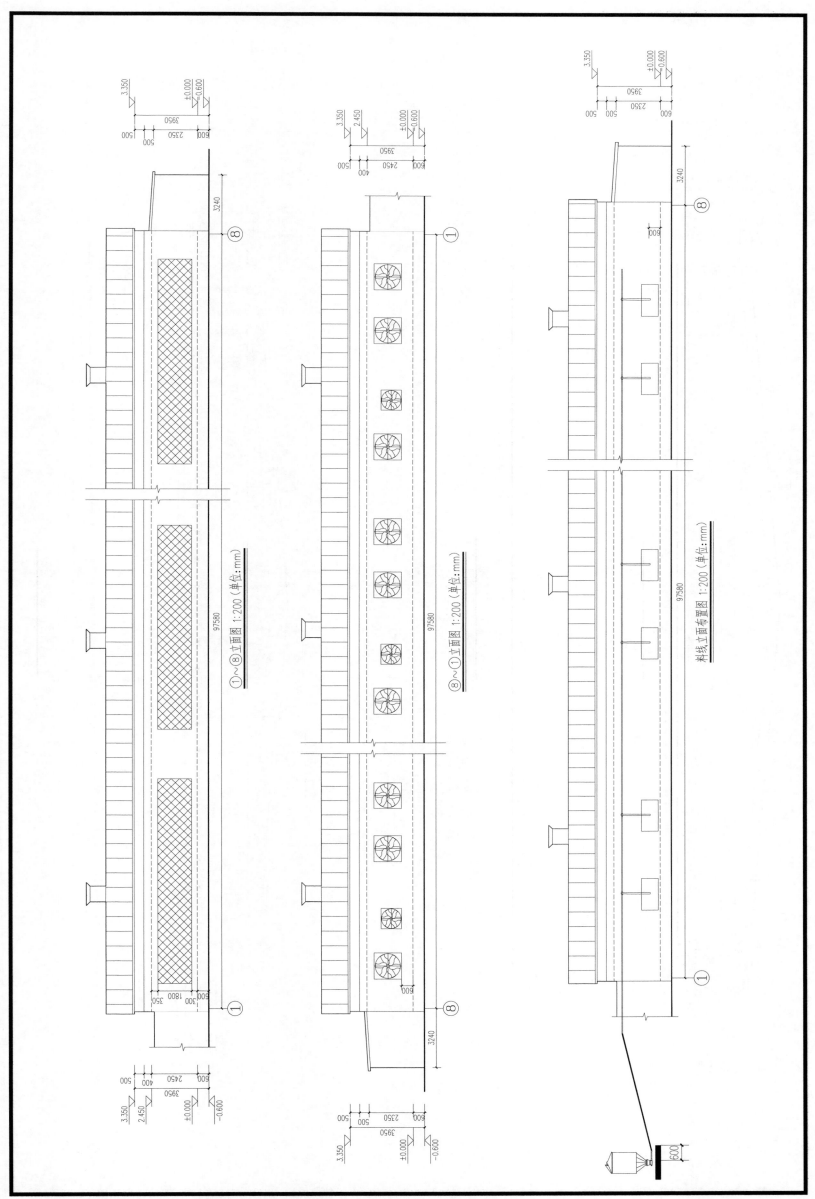

①~⑧立面图 1:200（单位：mm）

⑧~①立面图 1:200（单位：mm）

料线立面布置图 1:200（单位：mm）

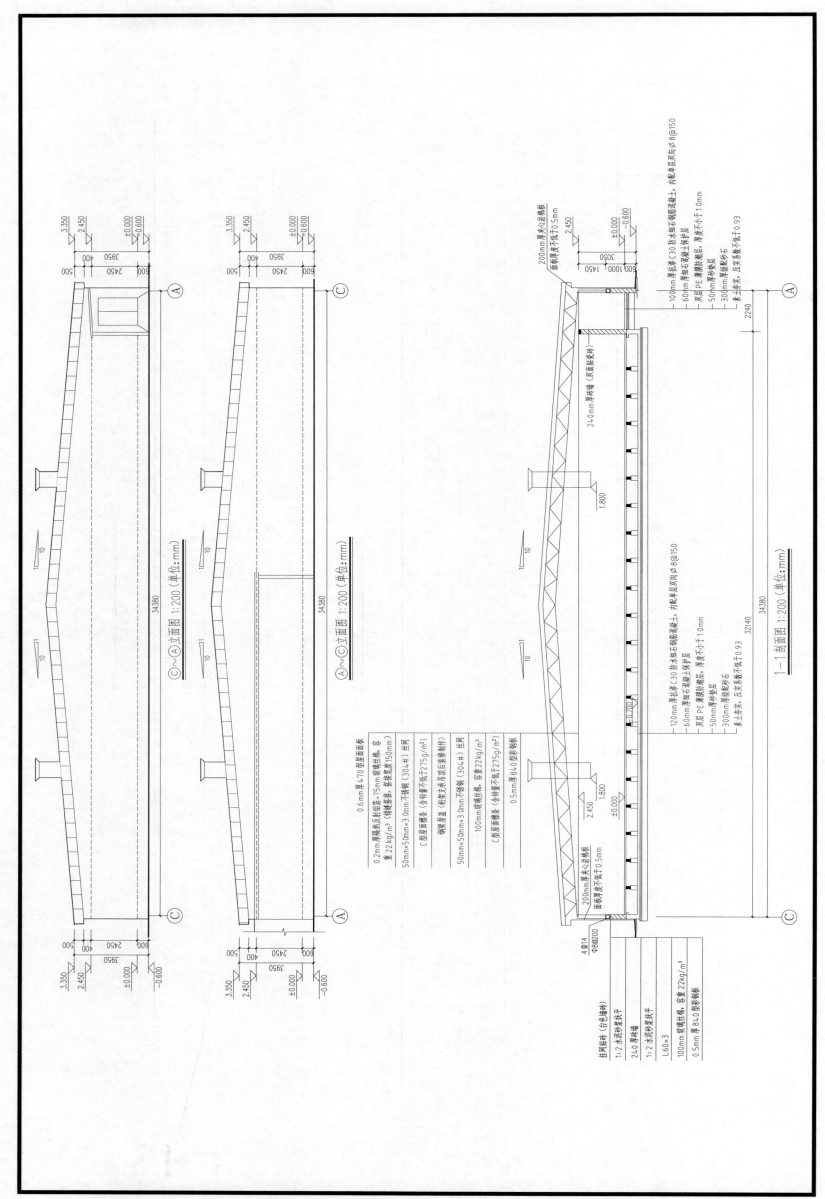

©～Ⓐ立面图 1:200（单位：mm）

Ⓐ～ⓒ立面图 1:200（单位：mm）

1—1剖面图 1:200（单位：mm）

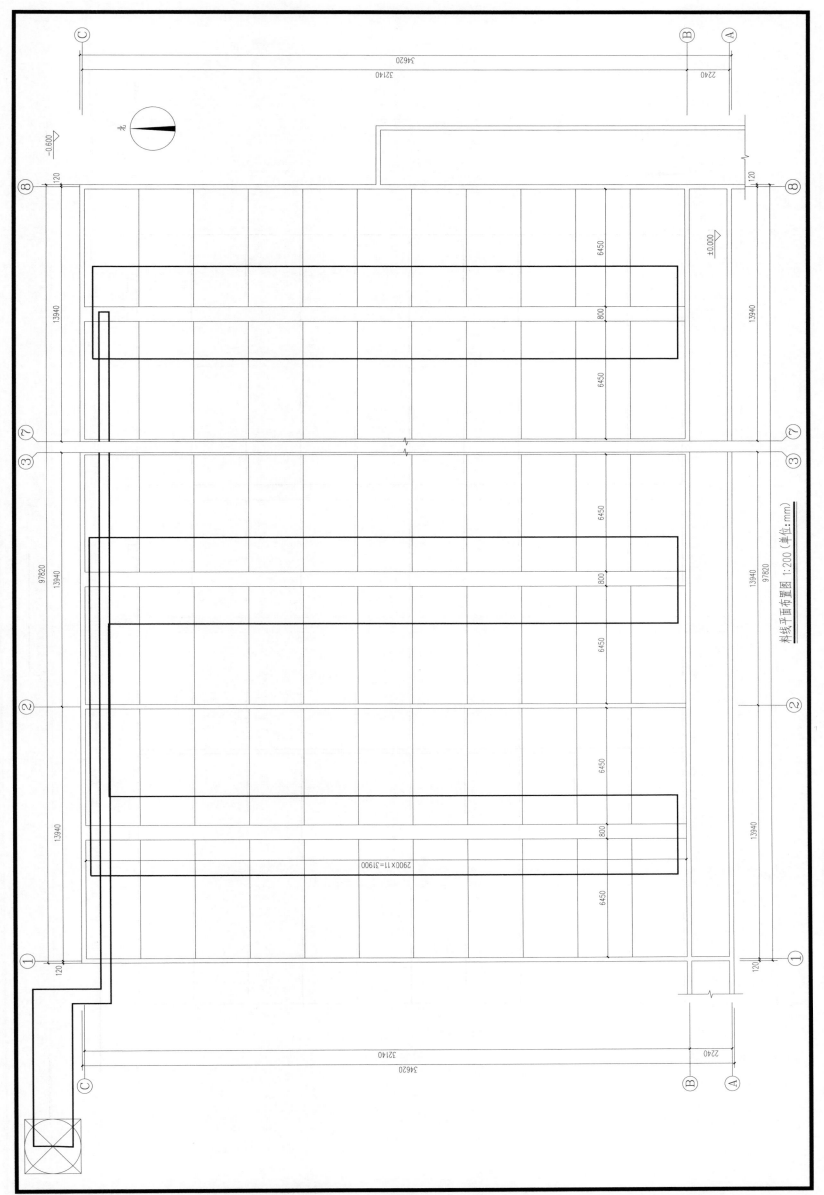

料线平面布置图 1:200（单位：mm）

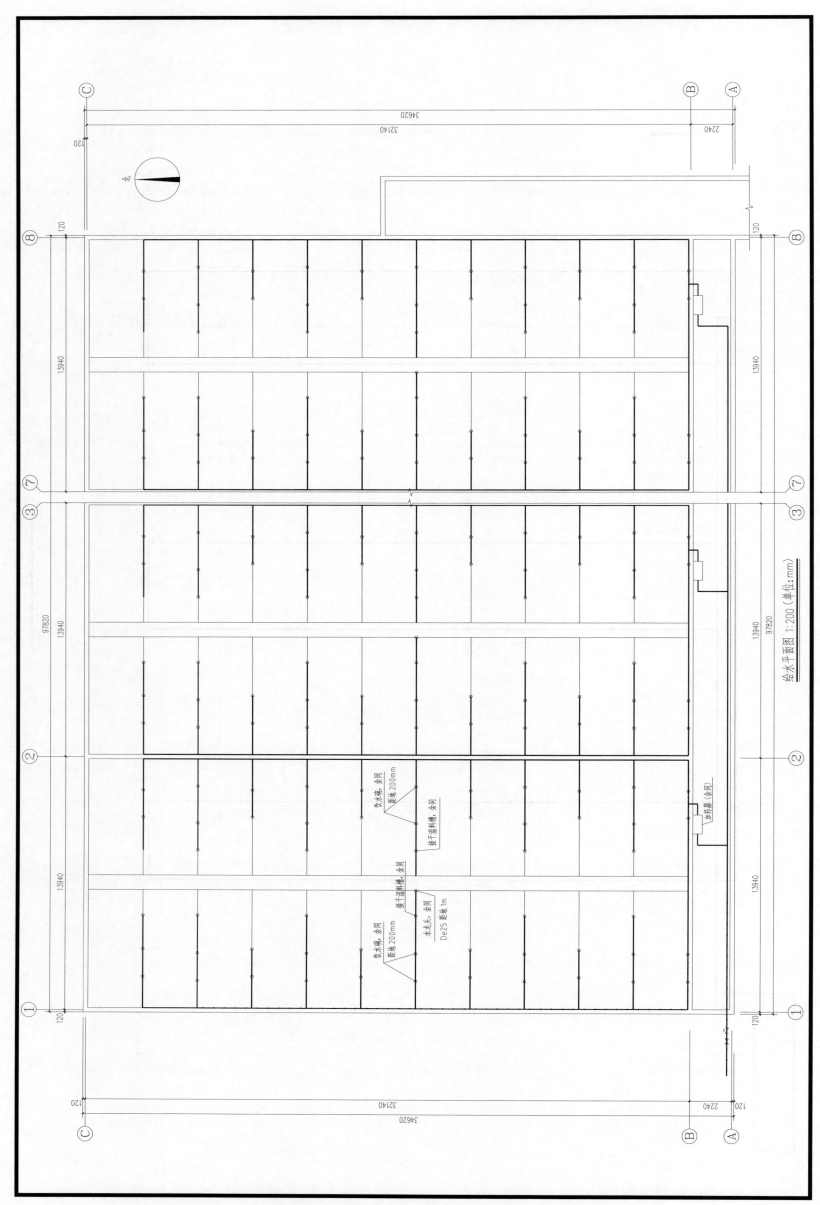

给水平面图 1:200（单位：mm）

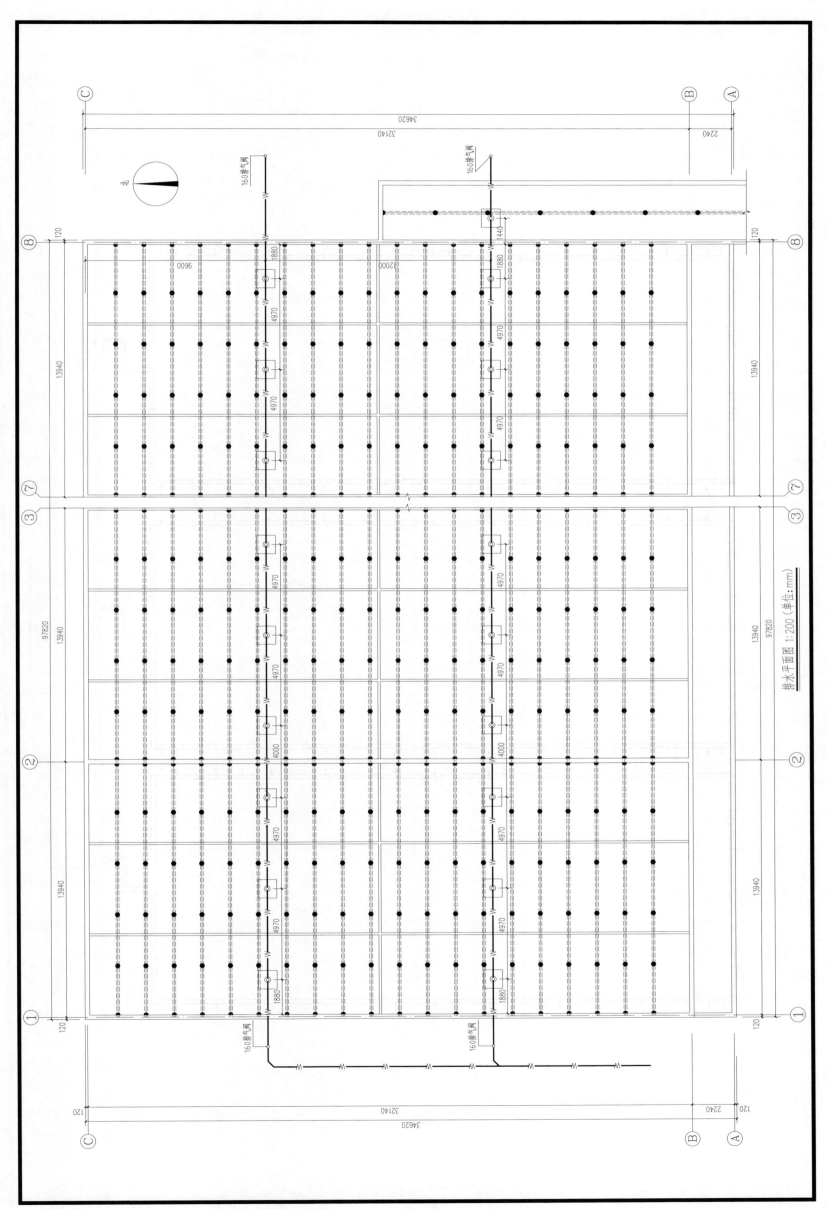

排水平面图 1:200（单位：mm）

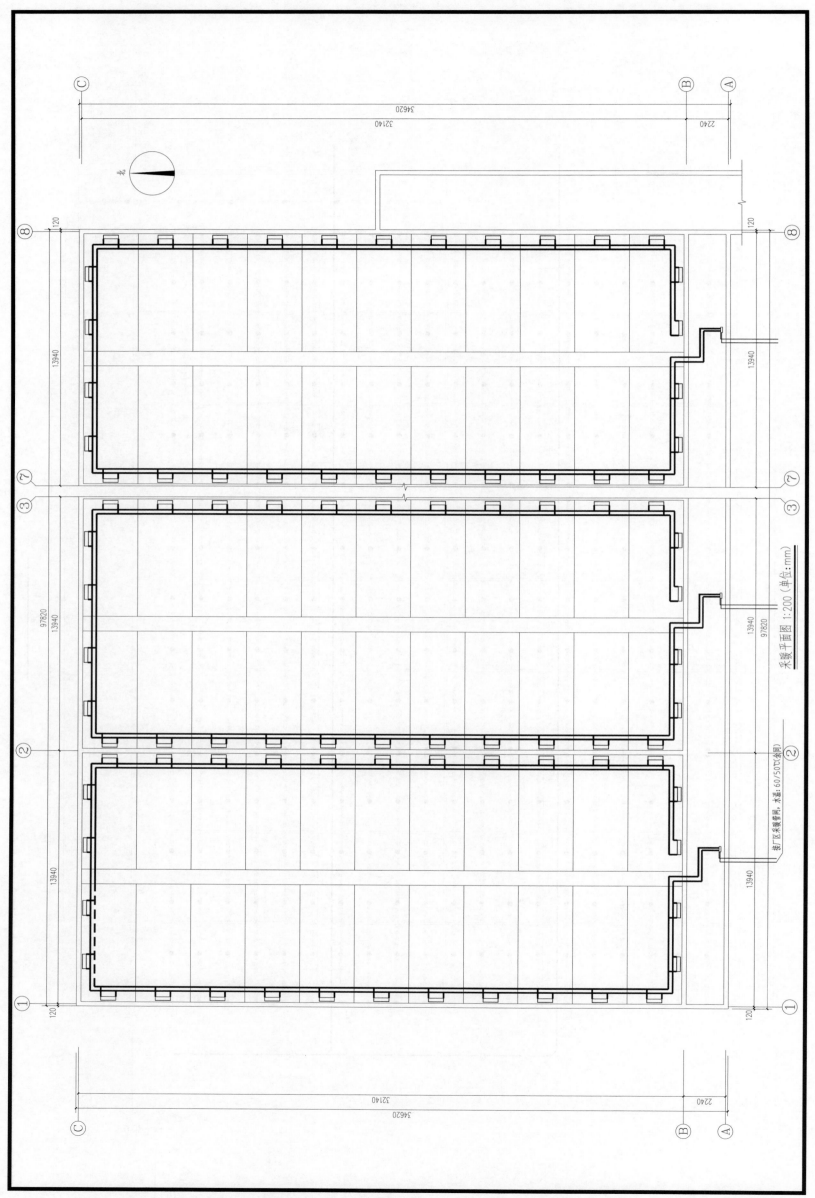

采暖平面图 1:200（单位:mm）

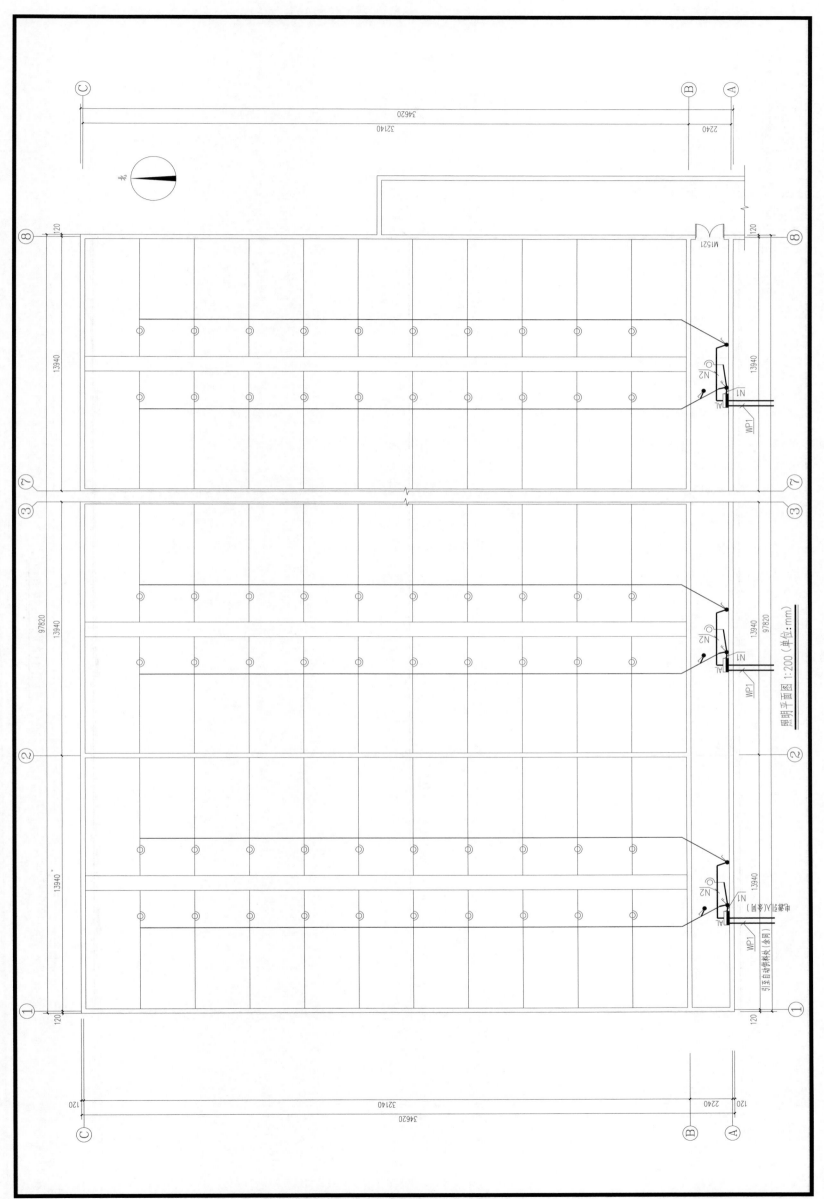

照明平面图 1:200（单位：mm）

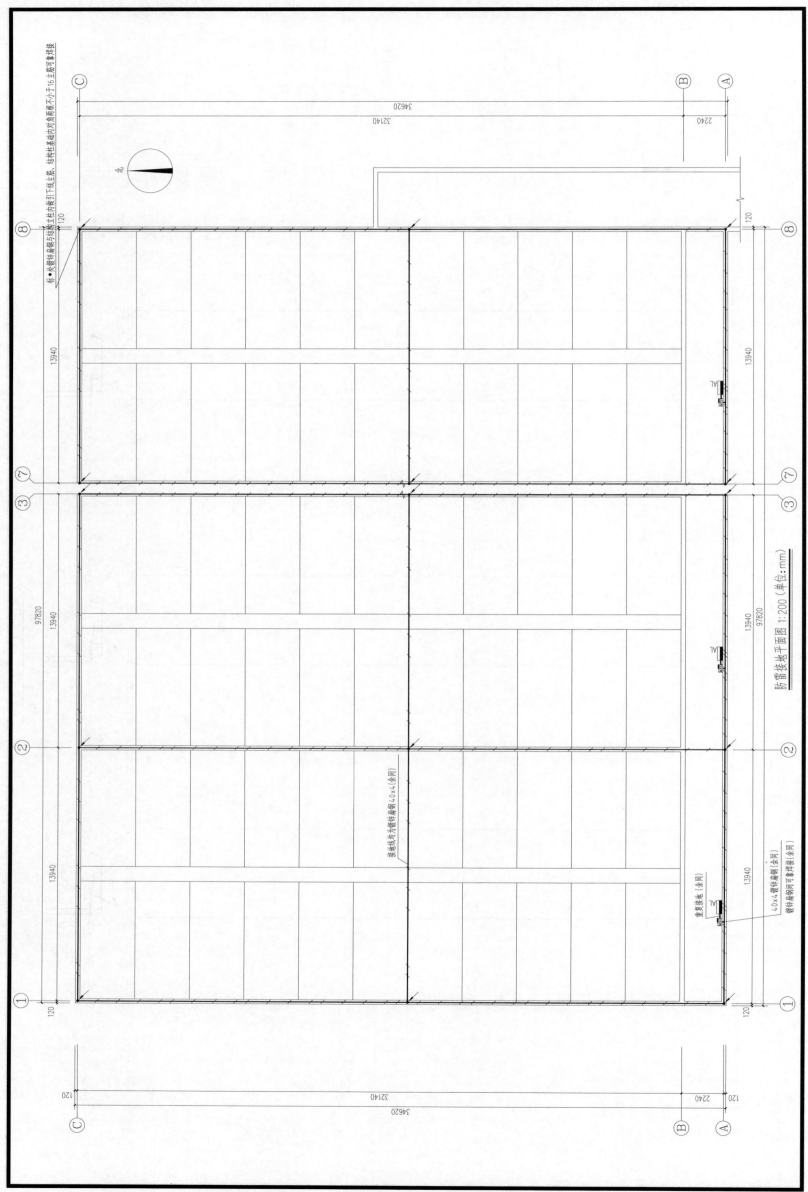

防雷接地平面图 1:200（单位：mm）

六、海南省海口市某专门育肥猪场生长育肥猪舍

1. 区位特征

该猪场位于海南省海口市琼山区，地理方位为东经110°57′，北纬19°59′。该处地形平坦，交通便利，位于海口市南部。琼山区地势北部和东南部高，土壤以沙壤为主。海南岛靠近水源，最大的河流南渡江流经琼山区旧州、云龙、龙塘等3个镇和国兴、滨江街道，境内还有集雨面积50km²以上的小河流7条。

海南养猪业已成为重资金、重技术、重人才、重规模的科技和资金密集型产业。2020年末海南省生猪存栏248.56万头，其中能繁母猪存栏33.56万头。从岛外引进种猪，可得到500元/头补贴，稳产保供措施促进了大型规模化养猪业的发展。

海口市属于热带季风气候，冬无严寒，夏无酷暑，四季常青，温暖舒适。年平均气温为24.3℃，7月最高平均气温达28℃左右，1月最低平均气温为18℃左右。年平均降水量2067mm，年平均蒸发量1834mm，常年风向以东南风和东北风为主，年均日照时数1752h。

本地区猪舍建筑要充分满足夏季隔热、通风和降温等要求，并应考虑高湿环境下的降温需求。

2. 工艺设计

本设计是一个年出栏6万头生猪的专业育肥猪场项目。育肥猪舍为大群圈栏饲养，包括保育和生长育肥阶段（36~180日龄），其中36~70日龄是保育期，71~180日龄是育成育肥期，出栏体重为110~120kg。

3. 建筑设计

本设计中的育成育肥猪舍长度74.00m、跨度15.00m，总面积1110.00m²，吊顶高3.50m，檐高4.25m，屋面坡度比为1∶4，柱距6.00m。屋面采用0.476mm厚840彩钢板、100mm厚玻璃棉卷毡（表面覆铝箔纸，容重16kg/m³）、50mm×50mm钢丝网和檩条，吊顶采用50mm×50mm钢丝网、双层75mm厚玻璃棉卷毡（分两层错缝铺设，表面覆铝箔纸，容重16kg/m³）、檩条和0.476mm厚840彩钢板。设两个1.38m宽的中间走道用于饲养人员通行和猪群转移。该猪舍采取湿帘-风机的通风方式将新风进行预冷，并利用较短的开间、较长的进深来达到较高的舍内风速从而促进猪体散热，适于华南地区的猪舍（图2-14）。

图2-14 海口某猪场育肥舍刮板清粪系统

4. 栏位设计

猪舍单栋存栏量960头，饲养密度0.90m²/头，舍内仅有1个单元，共有猪栏4列，每列12个栏位，共计48个猪栏。单个栏位尺寸6.00m×3.00m，栏位面积18.00m²。

5. 排污设计

为方便粪污分离及处理，猪舍采用漏缝地板和水泥地板相结合的模式，漏缝地板位于猪栏内侧，宽1.50m。水泥地板位于猪栏外侧，宽1.50m。猪在水泥地板上采食，在漏缝地板上排泄。清粪方式采用机械干清粪，粪污

产量少并可使舍内保持良好的环境。清粪频次为一天两次，用两个一带二的刮粪机将各粪沟底部的粪污刮至猪舍一旁的粪污管道排出。

6. 环境设计

该区域的环境设计以夏季降温和通风为主。育成育肥猪舍设计温度 18～22℃，舍内风速设计为 2m/s。夏季采取湿帘-风机的纵向通风，高速的风通过湿帘，水分蒸发带走大量热量，从而起到降低温度的效果。但由于当地气候潮湿，湿度较大，湿帘降温效果会随之降低，在高温季节应当采取定点送风或地面局部降温等方式缓解高温带来的影响。春秋季、冬季均采用吊顶小窗进风搭配风机通风。利用多级风机组进行控制，选用不同排量风机进行重组，获得不同季节温度下所需的通风量。该猪舍共设 8 台 50 寸风机和 4 片长度 2.40m 的湿帘。单栋舍 86 个的吊顶小窗均布成两列，东西靠墙处设一个 1.00m×1.00m 的检修口。猪舍利用屋檐开口进风，檐口装防鸟网。海口地区在不考虑冬季保温的情况下，便能使舍内温度保持在至少 10℃，所以无需进行专门的采暖设计。

7. 特色设计

（1）采用机械干清粪方式，通过及时清理舍内粪污维护良好的舍内环境，同时清粪频次高，粪污产量少，便于后续处理及资源化利用（图 2-15）。

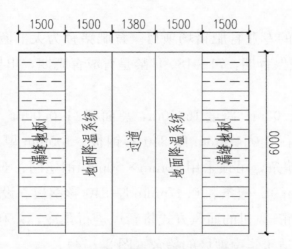

图 2-15 海口某猪场育肥舍地面降温系统（单位：mm）

（2）当地气候潮湿，湿度较大，湿帘降温效果会随之降低，采用躺卧区地面局部降温和干清粪工艺减少舍内水分蒸发，缓解高温高湿影响（图 2-16）。

（3）猪场设计实行严格的功能分区，自东南向西北划分为生活区、辅助生产区、生产区和粪污处理区 4 个区，即按此分区从上风向自下风向排列。各区之间防疫间距不少于 30.00m，生活区和生产区距离 100.00m 左右，用绿化带或围墙隔离。场区内净污分离，净道是猪群转群和管理人员通行使用，污道是运送粪便和病死猪使用，猪场设置 3 个出入口，入口设车辆消毒池、人员消毒间。

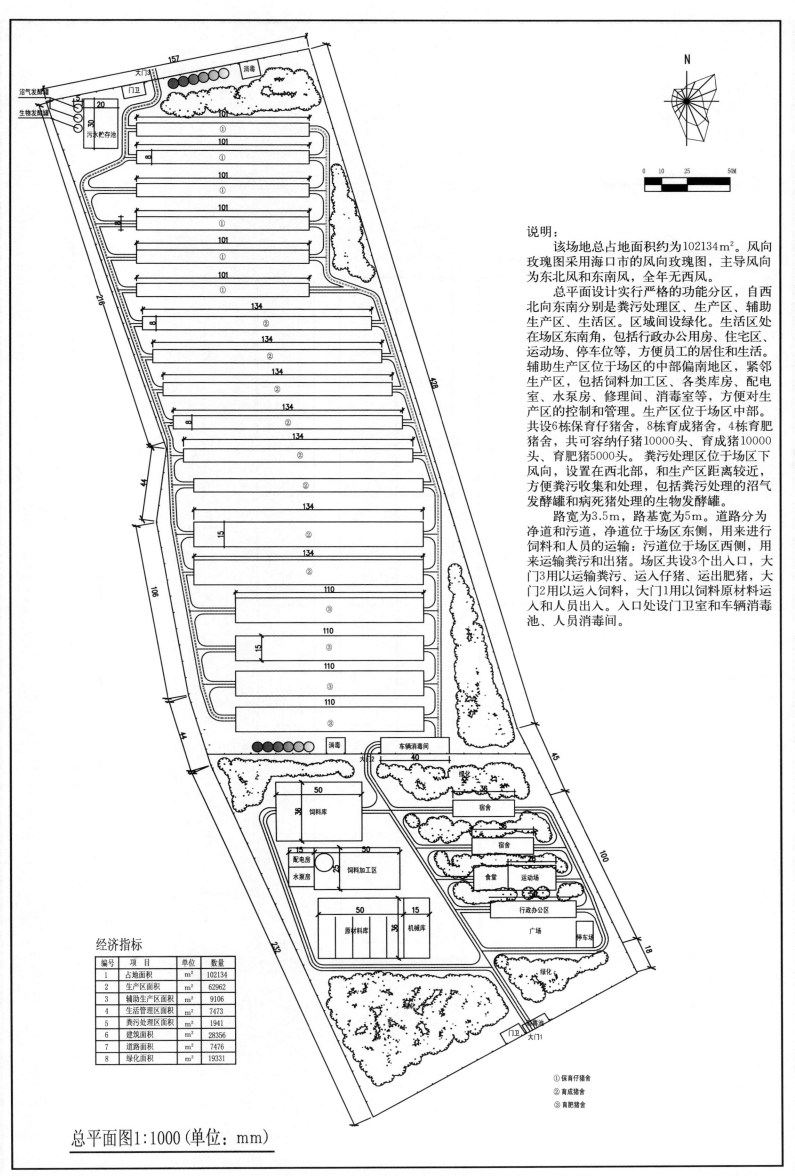

说明：

该场地总占地面积约为102134m²。风向玫瑰图采用海口市的风向玫瑰图，主导风向为东北风和东南风，全年无西风。

总平面设计实行严格的功能分区，自西北向东南分别是粪污处理区、生产区、辅助生产区、生活区。区域间设绿化。生活区处在场区东南角，包括行政办公用房、住宅区、运动场、停车位等，方便员工的居住和生活。辅助生产区位于场地的中部偏南地区，紧邻生产区，包括饲料加工区、各类库房、配电室、水泵房、修理间、消毒室等，方便对生产区的控制和管理。生产区位于场区中部。共设6栋保育仔猪舍，8栋育成猪舍，4栋育肥猪舍，共可容纳仔猪10000头、育成猪10000头、育肥猪5000头。粪污处理区位于场区下风向，设置在西北部，和生产区距离较近，方便粪污收集和处理，包括粪污处理的沼气发酵罐和病死猪处理的生物发酵罐。

路宽为3.5m，路基宽为5m。道路分为净道和污道，净道位于场区东侧，用来进行饲料和人员的运输；污道位于场区西侧，用来运输粪污和出猪。场区共设3个出入口，大门3用以运输粪污、运入仔猪、运出肥猪，大门2用以运入饲料，大门1用以饲料原材料运入和人员出入。入口处设门卫室和车辆消毒池、人员消毒间。

经济指标

编号	项目	单位	数量
1	占地面积	m²	102134
2	生产区面积	m²	62962
3	辅助生产区面积	m²	9106
4	生活管理区面积	m²	7473
5	粪污处理区面积	m²	1941
6	建筑面积	m²	28356
7	道路面积	m²	7476
8	绿化面积	m²	19331

① 保育仔猪舍
② 育成猪舍
③ 育肥猪舍

总平面图1:1000（单位：mm）

图2-16 海南海口某专门育肥猪场总平面规划

— 81 —

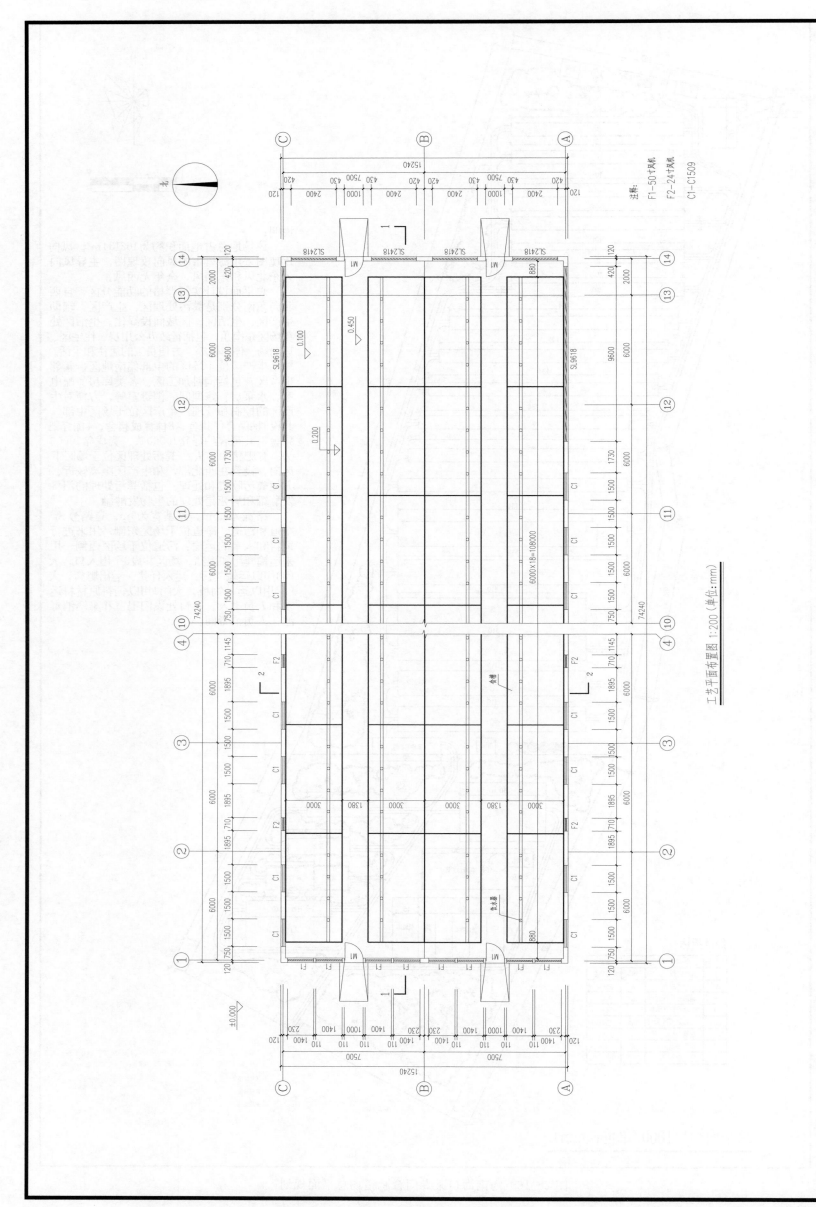

工艺平面布置图 1:200（单位:mm）

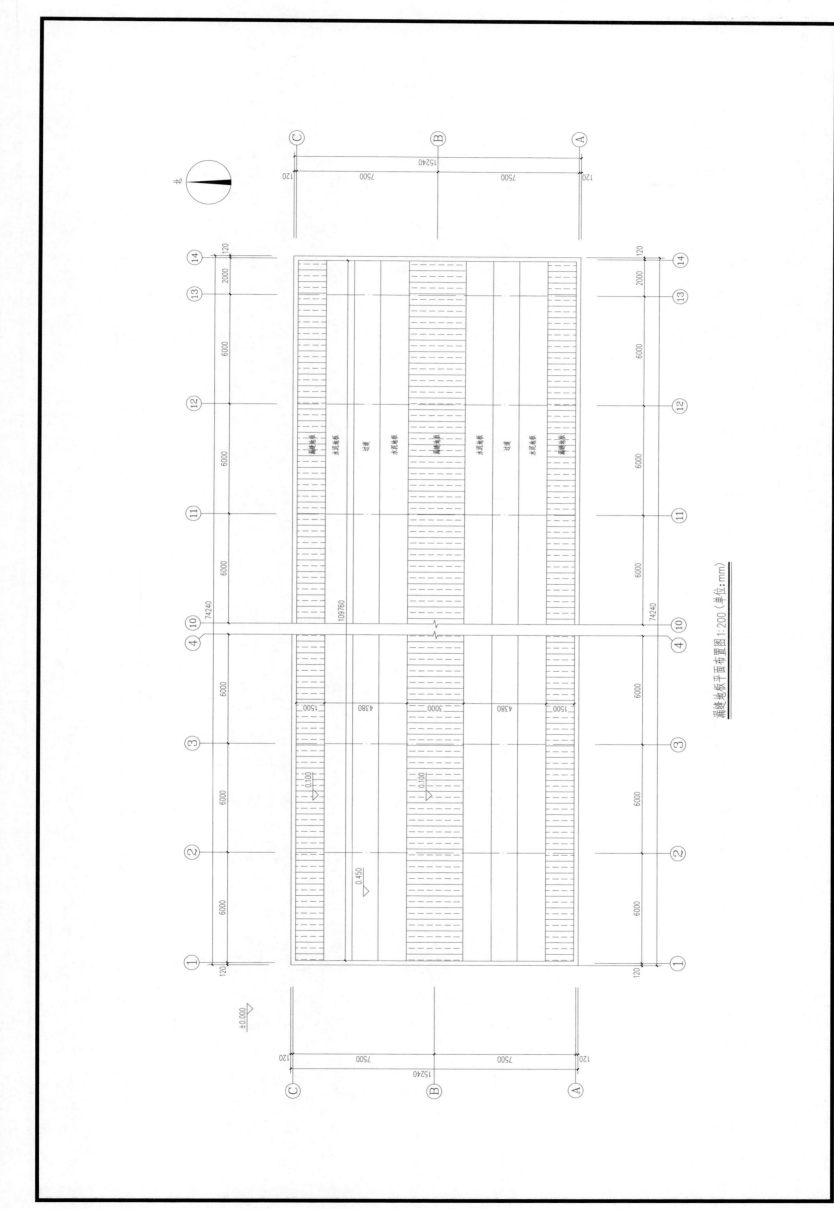

漏缝地板平面布置图 1:200（单位：mm）

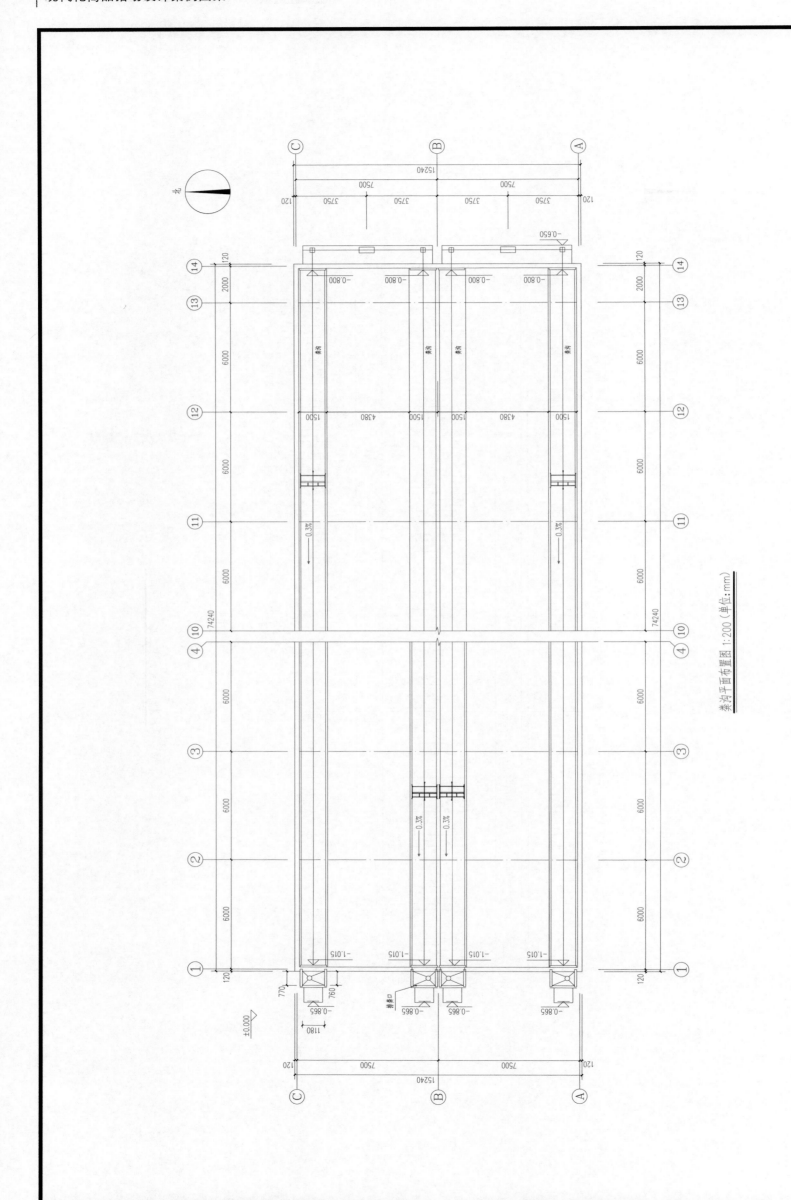

粪沟平面布置图 1:200（单位：mm）

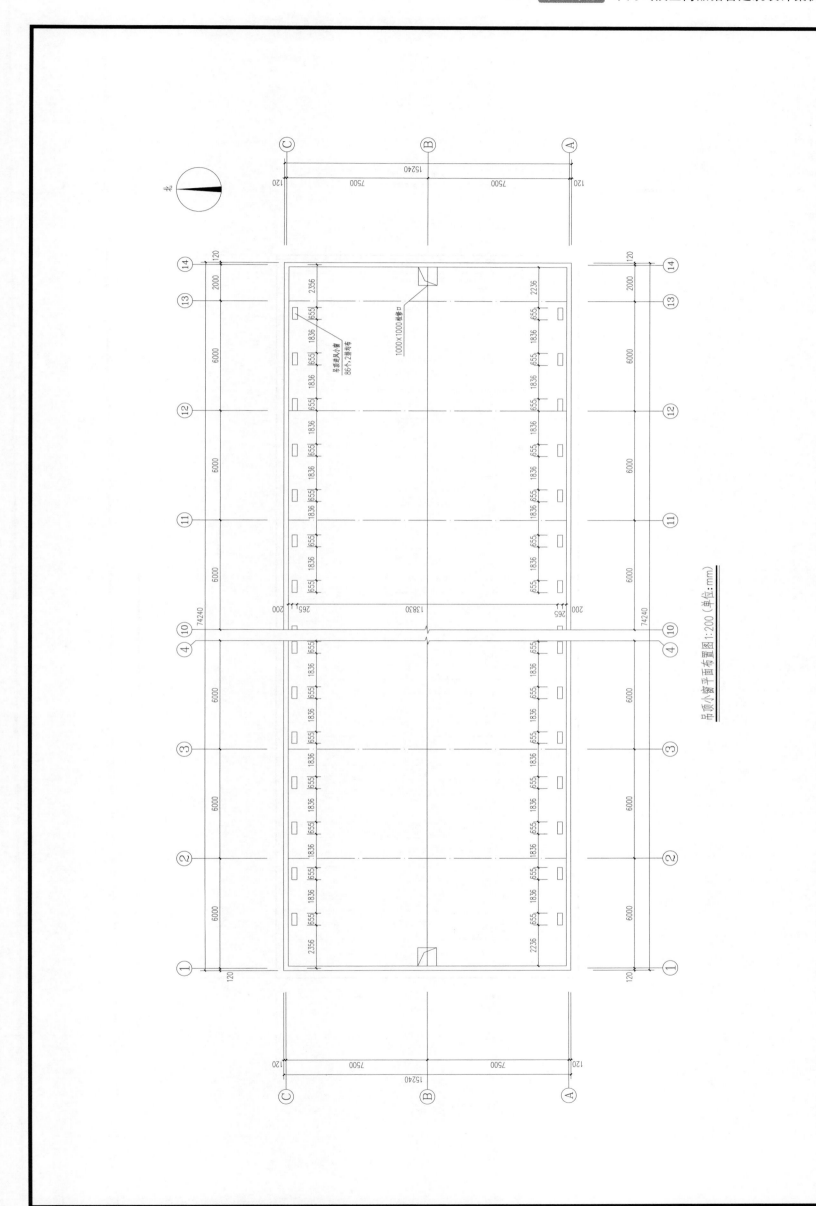

吊顶小窗平面布置图1:200（单位:mm）

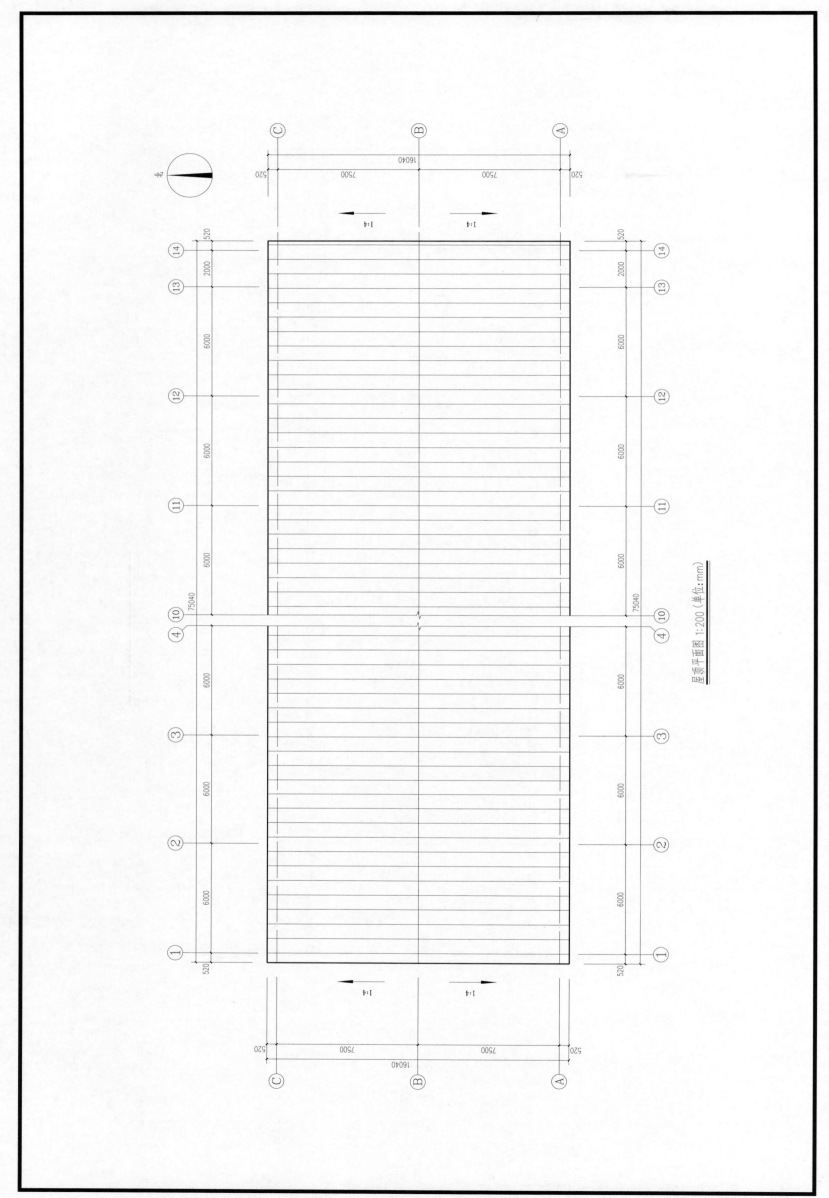

屋顶平面图 1:200（单位：mm）

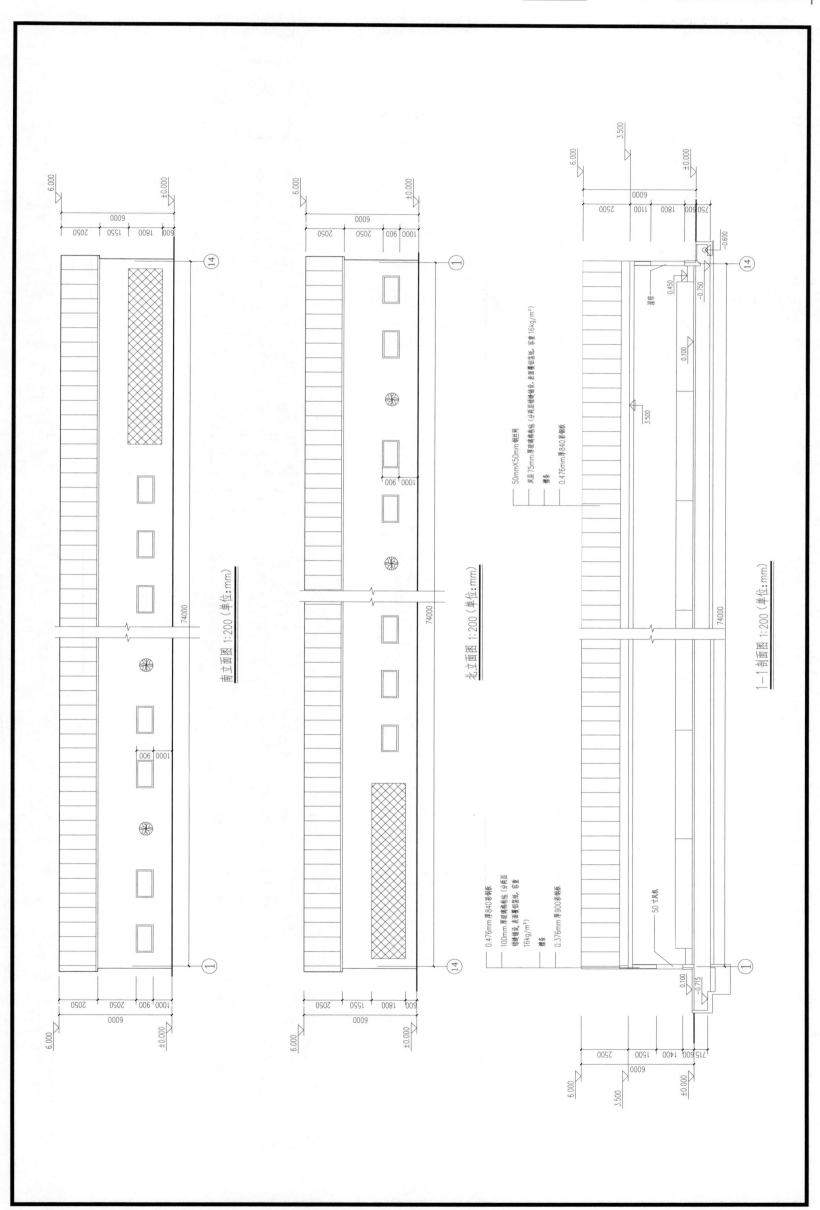

南立面图 1:200 (单位:mm)

北立面图 1:200 (单位:mm)

1—1剖面图 1:200 (单位:mm)

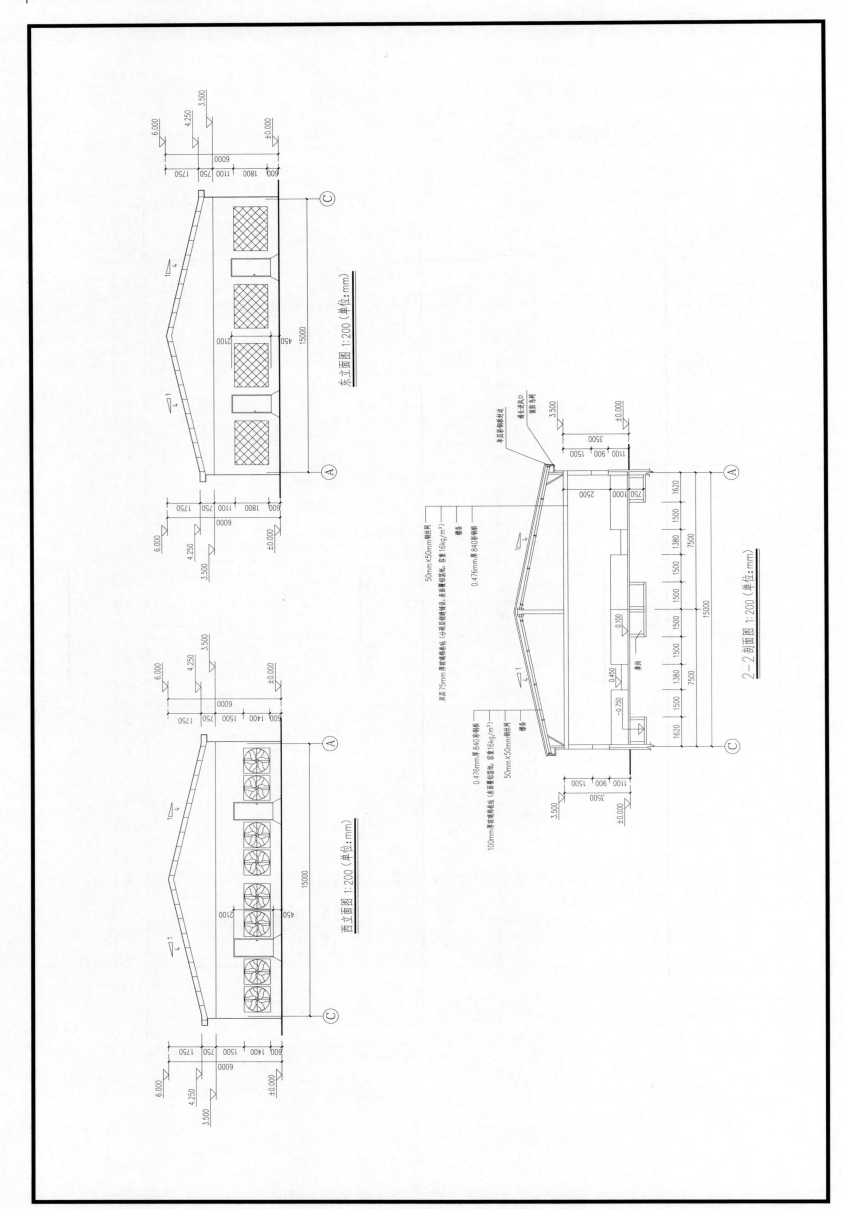

东立面图 1:200 （单位：mm）

西立面图 1:200 （单位：mm）

2-2剖面图 1:200 （单位：mm）

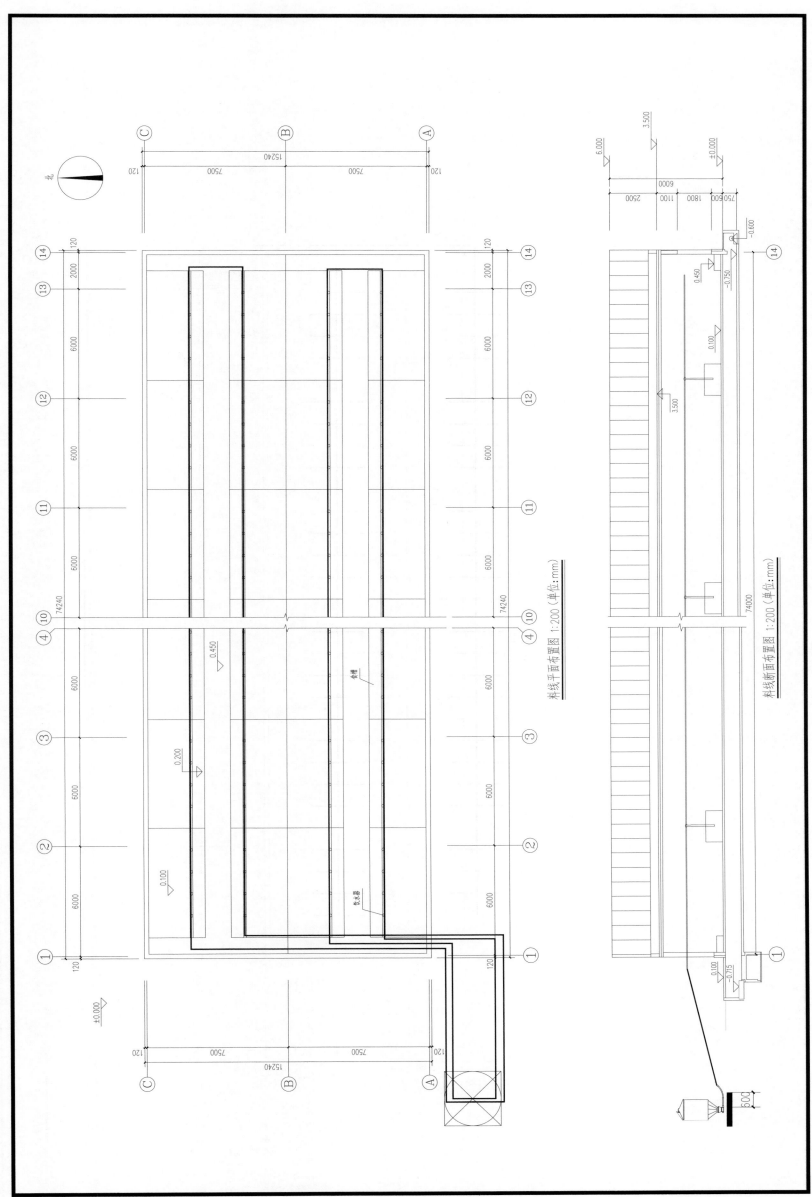

料线平面布置图 1:200（单位:mm）

料线断面布置图 1:200（单位:mm）

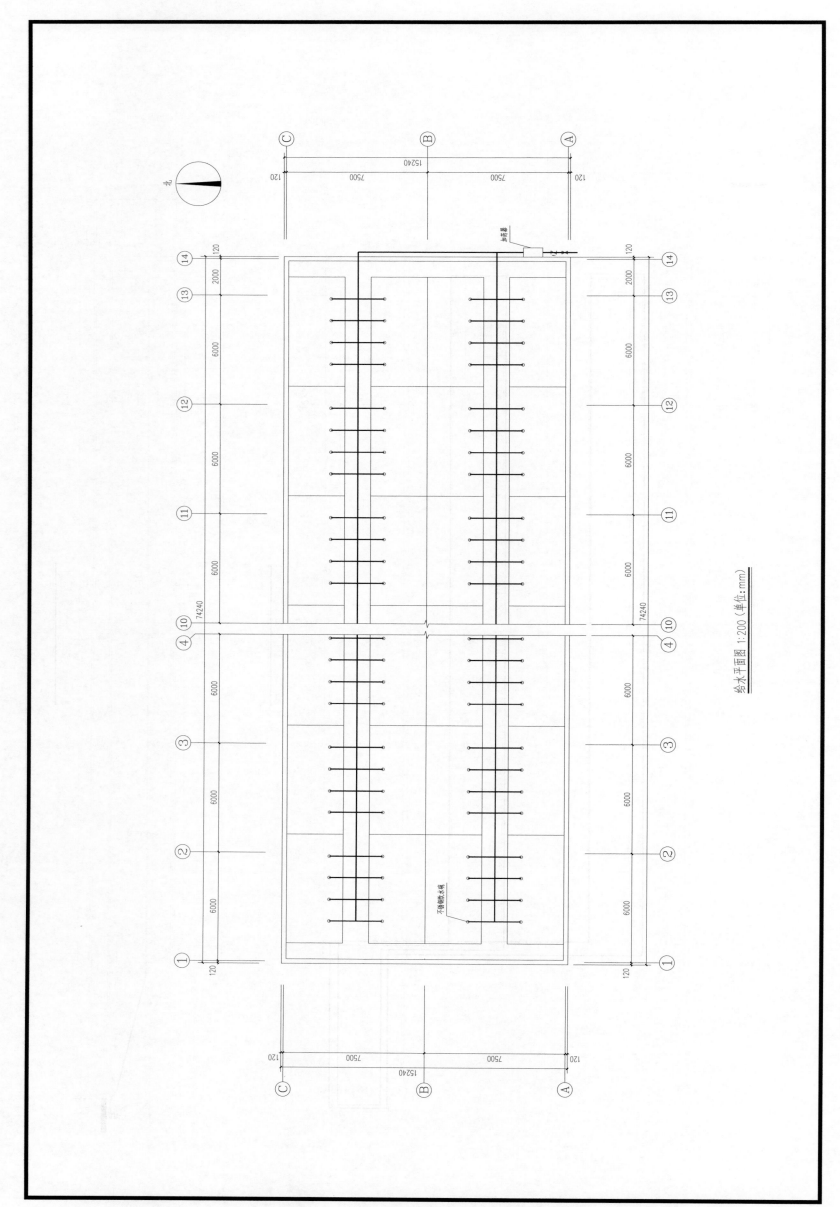

给水平面图 1:200（单位:mm）

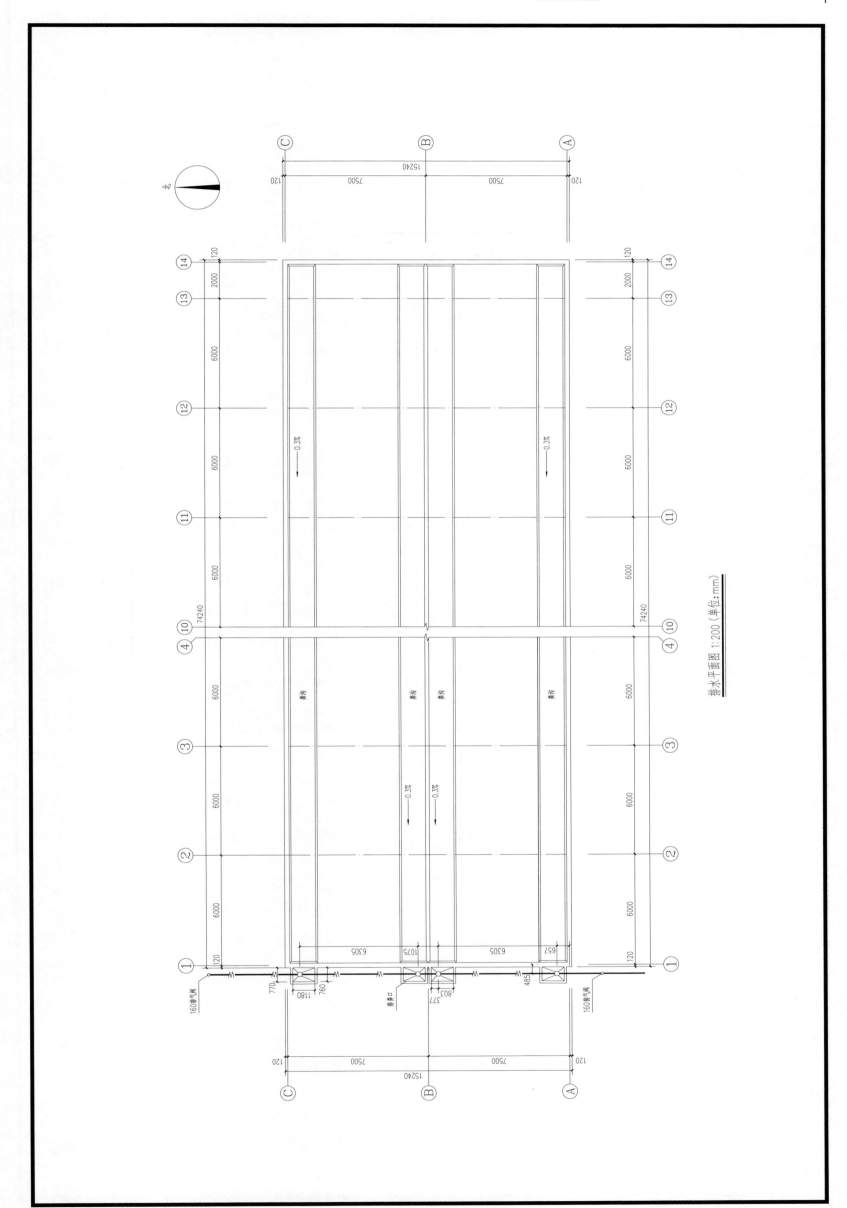

排水平面图 1:200（单位：mm）

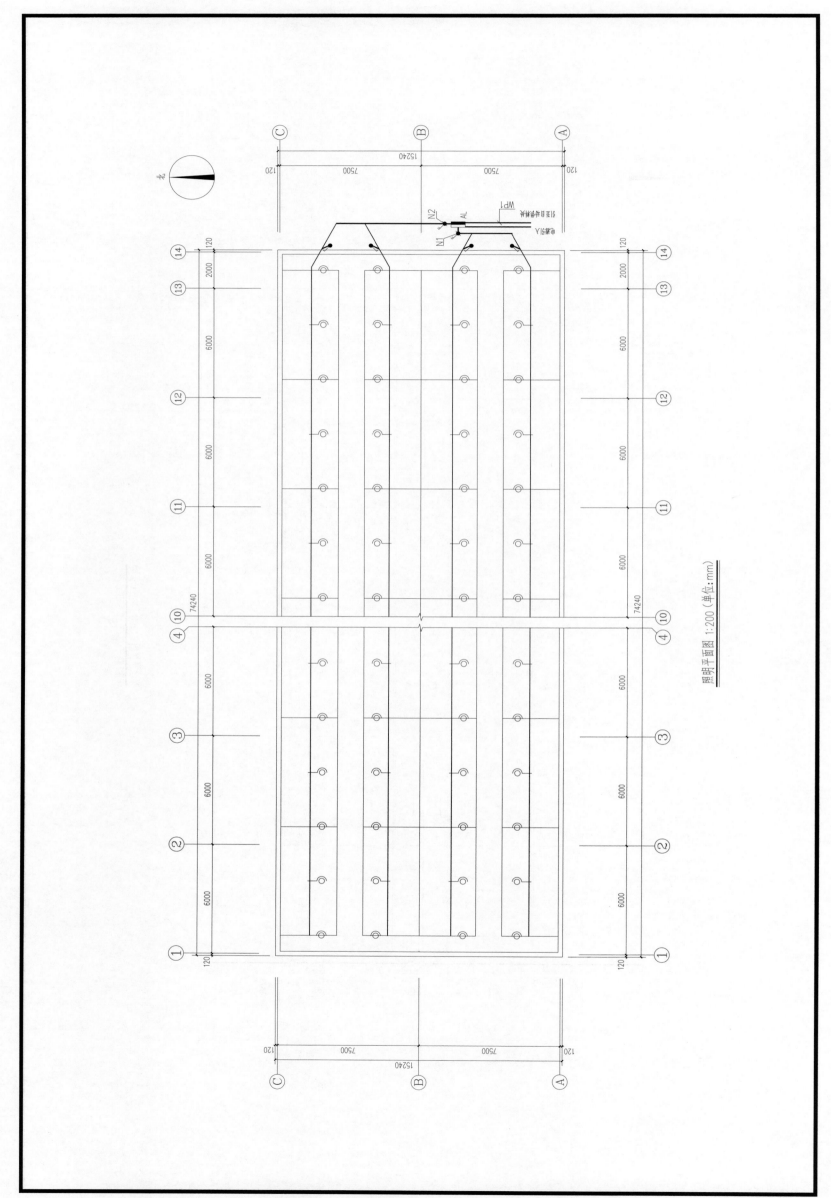

照明平面图 1:200（单位:mm）

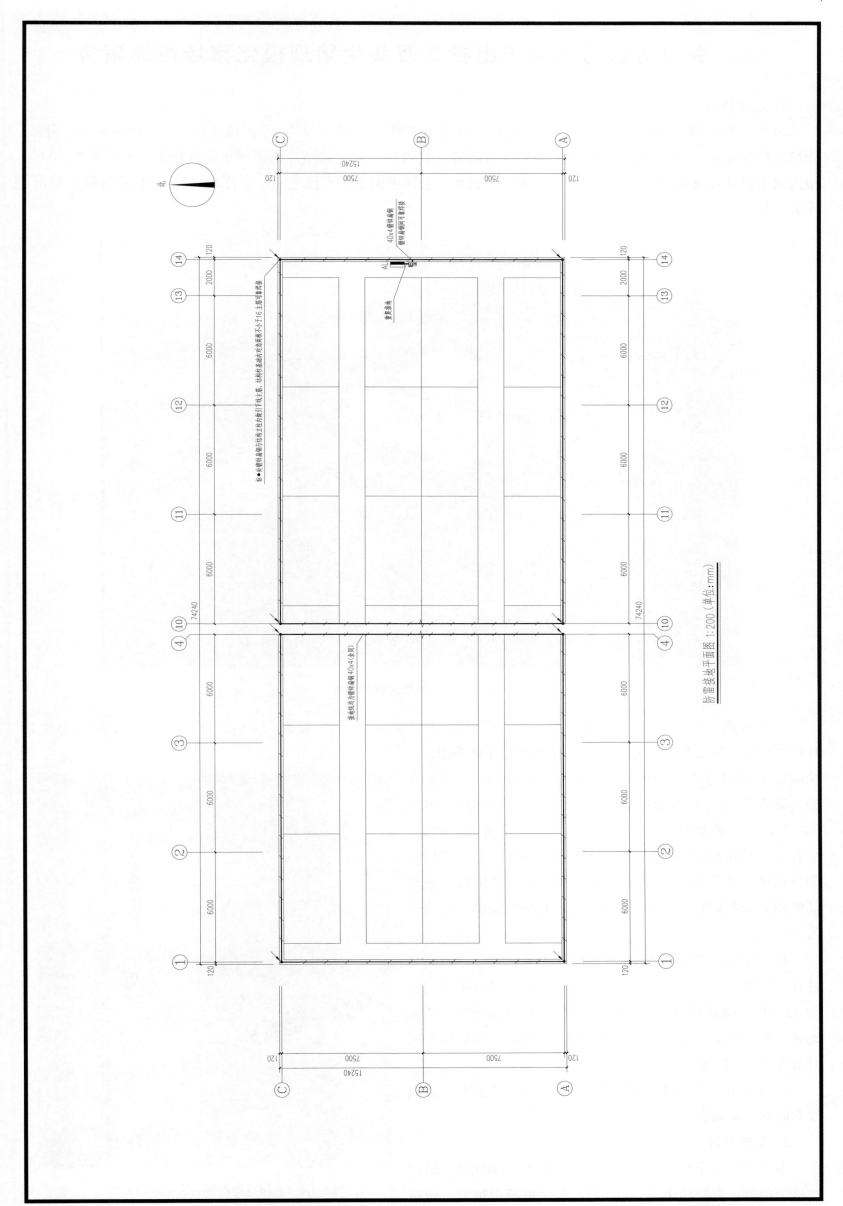

防雷接地平面图 1:200（单位：mm）

七、贵州省都匀市某年出栏 3 万头生猪规模化猪场商品猪舍

1. 区位特征

猪场（图 2-17）位于贵州省都匀市平浪镇，东经 107°52″，北纬 26°26″。平浪镇交通便利，地处都匀市南部，距城区约 31km。该地地处山区平地和山地丘陵地带，境内多为构造盆地，田坝和小盆地较多，平均海拔 900m。境内河道属珠江流域红水河水系，主要河流为平浪河，是风席河主要支流之一，全长 26.9km，流域面积 105km²，水源充足。

图 2-17 贵州都匀猪场全貌

2020 年底，贵州省存栏生猪 1364.1 万头，累计出栏生猪 1661.8 万头。2020 年 1 月至今，全省调出生猪 107.9 万头，调入生猪 99.2 万头，有效保障了市场供应。全国前 20 强生猪龙头企业，已有 16 家在贵州省 59 个县实施生猪养殖或全产业链一体化项目。2020 年全省年出栏 500 头以上规模猪场 3068 个。此外，产业扶贫成效较好。全省有 33% 的农户从事生猪养殖，养殖场户达 264 万个，部分地区生猪养殖收入占农民收入 30% 以上。生猪产业带动建档立卡贫困户 4.1 万户、16.2 万人增收脱贫，人均增收 1600 元。

都匀市属亚热带季风湿润气候。冬无严寒，最冷的 1 月日平均气温为 5.6℃。夏无酷暑，最热的 7 月日平均气温为 24.8℃。雨量充沛，雨热同季，年平均气温为 16.1℃。无霜期年平均 290 天，年平均降水量 1400mm，年平均日照时数为 995~1209h。

本地区猪舍建筑要考虑冬季保温、防寒等要求，并应注意防潮、防雷击。

2. 工艺设计

本设计是一个年出栏 3 万头生猪自繁自育场配套的育肥猪舍项目。育肥猪舍（图 2-18）为大群圈栏饲养，包括

图 2-18 贵州都匀育肥舍内景

育成和育肥阶段（70～175 日龄），其中 70～120 日龄是育成期，121～175 日龄是育肥期，出栏体重 110kg。

3. 建筑设计

猪舍长度 68.16m，跨度 33.08m，总面积 2254.73m²，吊顶高 2.70m，檐高 3.00m，屋面坡度比 1：10，柱距 5.68m。屋面采用 0.5mm 厚 470 型带角尺支架 360 锁边彩钢板，吊顶采用 50mm 厚单面彩钢复合低密度聚氨酯夹芯板，墙体 1m 以下采用 240mm 厚实心砖砌，墙体外贴 30mm 厚 EPS 保温板；墙体 1m 以上采用现场复合 80mm 厚玻璃丝绵双面彩钢板墙体。每单元设一个 1.00m 宽的中间走道用于饲养人员的通行，一个 1.60m 宽的通廊连接各个单元舍以便猪群的转移。猪舍利用墙面风机配合湿帘以及吊顶进风窗的方式来满足各个季节的通风需求，对于既无严冬又无酷暑的地区能够做到利益最大化，适于西南地区的猪舍。

4. 栏位设计

猪舍单栋存栏量 2160 头，饲养密度 0.87m²/头，舍内划分 4 个单元，每单元共有猪栏 2 列，每列 6 个栏位，共计 12 个猪栏，每单元存栏 540 头育肥猪。单个栏位尺寸 7.90m×5.00m，栏位面积 39.50m²。

5. 排污设计

猪舍的猪栏部分和中间人行走道部分全采用漏缝地板模式。猪在全漏缝地板上采食、饮水、躺卧、玩耍与排泄。清粪方式采用尿泡粪。每列猪栏的漏缝地板下面均设置粪沟，粪沟深度为 800mm，粪沟底面保持水平、无坡度。利用挡墙划分粪沟区段，每个区段粪沟下的粪沟接头处配备一个排粪塞，排粪塞位于粪沟中间部位，每个排粪塞所处的位置均深 900mm，并预留 1.00m×1.00m 的排粪坑。使用粪沟之前关闭排粪口，用水管在粪沟内灌入 0.1m 深的水，并在使用期间注意粪污最高液面与漏缝地板之间保留至少 0.2m 的距离。

6. 环境设计

该商品猪舍设计温度为 18～22℃。夏季主要采取湿帘-风机的纵向通风模式，高速的风通过湿帘，水分蒸发带走大量热量，从而起到降低温度的效果。冬季采用吊顶小窗进风搭配风机通风（图 2-19），春秋季根据实际情况采用吊顶进风窗或纵向通风模式。每单元设 5 台 50 寸风机、1 台 36 寸风机、1 台 24 寸变速风机和 1 片长度 14.40m 的湿帘。每单元 24 个的吊顶小窗均布成两列，正北靠墙处设一个 1.0m×1.0m 的检修口。

图 2-19　贵州都匀育肥舍小窗进风系统

7. 特色设计

（1）采用小单元大群饲养模式，更容易实现不同类型猪只适宜的小环境控制，更好地满足猪群对环境的需求。

（2）采用全漏缝地板集合尿泡粪方式处理粪污，粪污收集后经沉淀、发酵、深度处理后制成有机肥，实现粪污的资源化利用。

（3）猪舍利用山墙风机配合湿帘以及吊顶进风窗的方式来满足各个季节的通风需求，对于既无严冬又无酷暑的地区能够做到利益最大化，适于西南地区的猪舍。

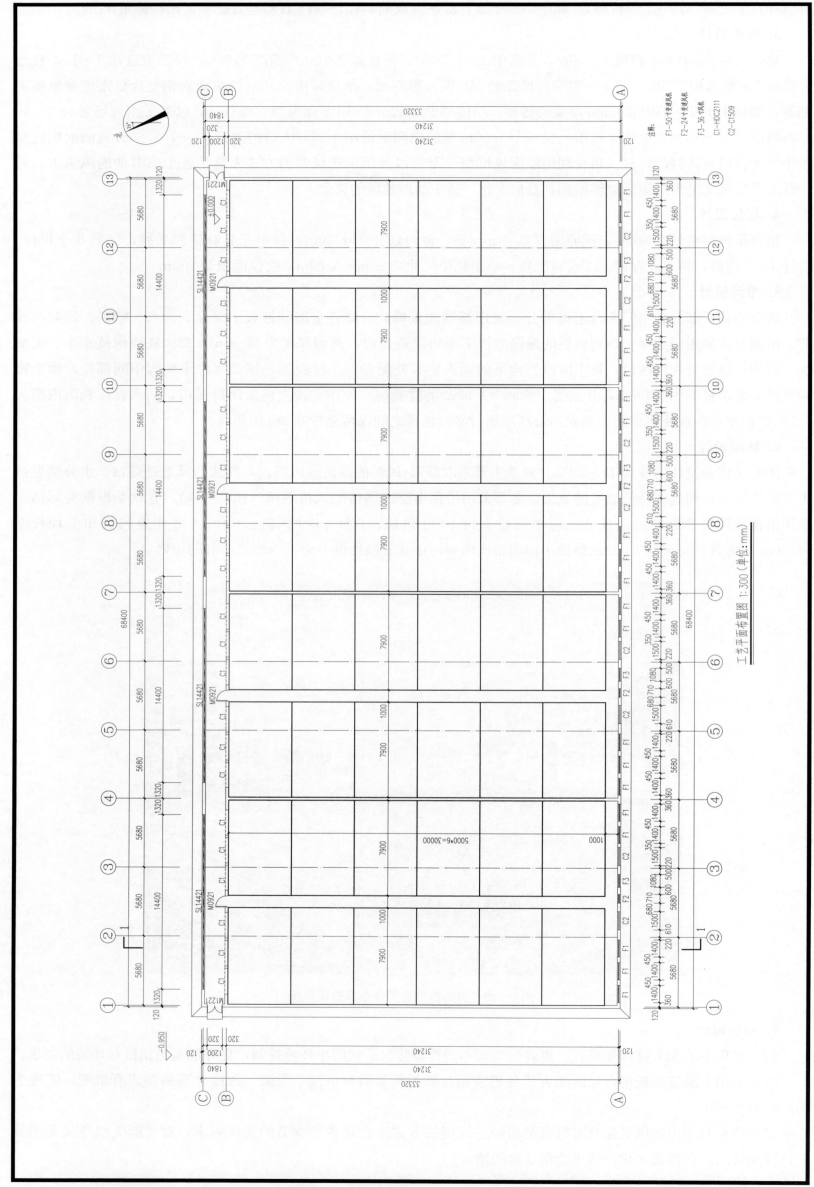

工艺平面布置图 1:300（单位:mm）

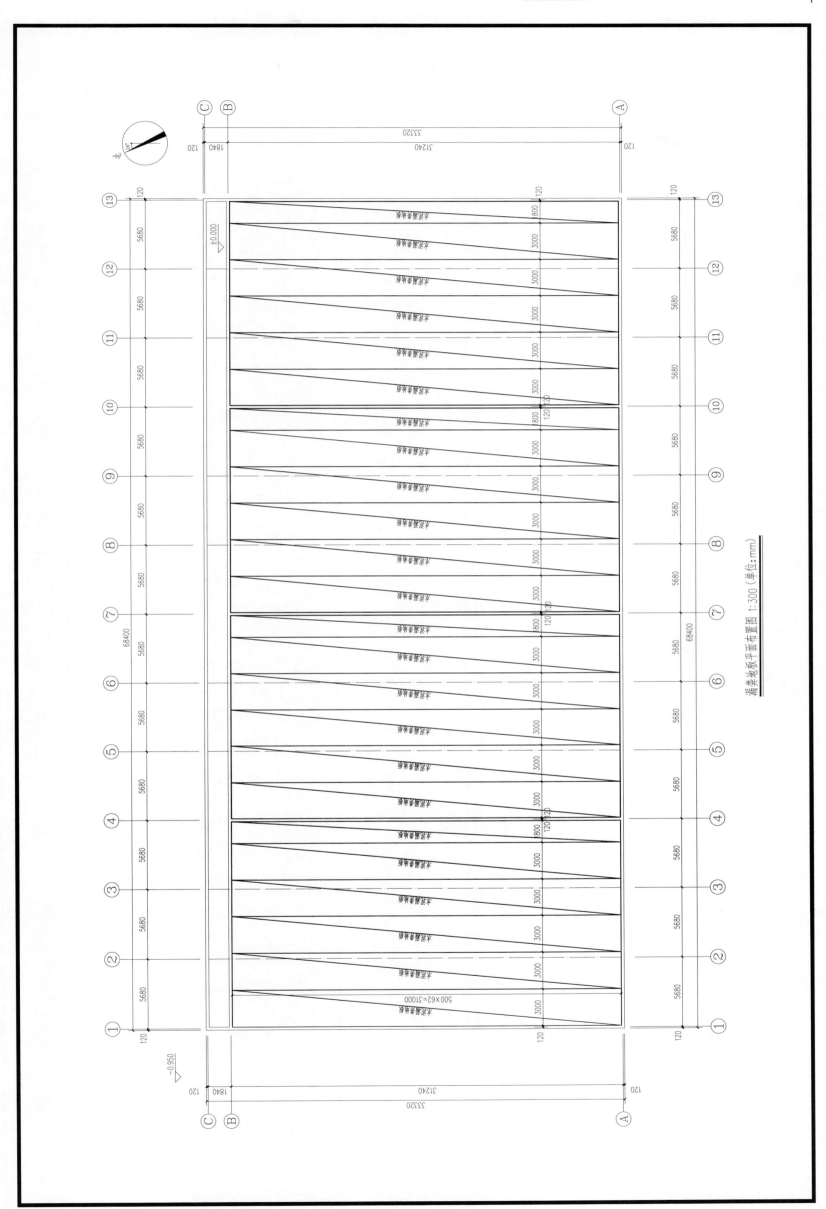

温养地板平面布置图 1:300（单位：mm）

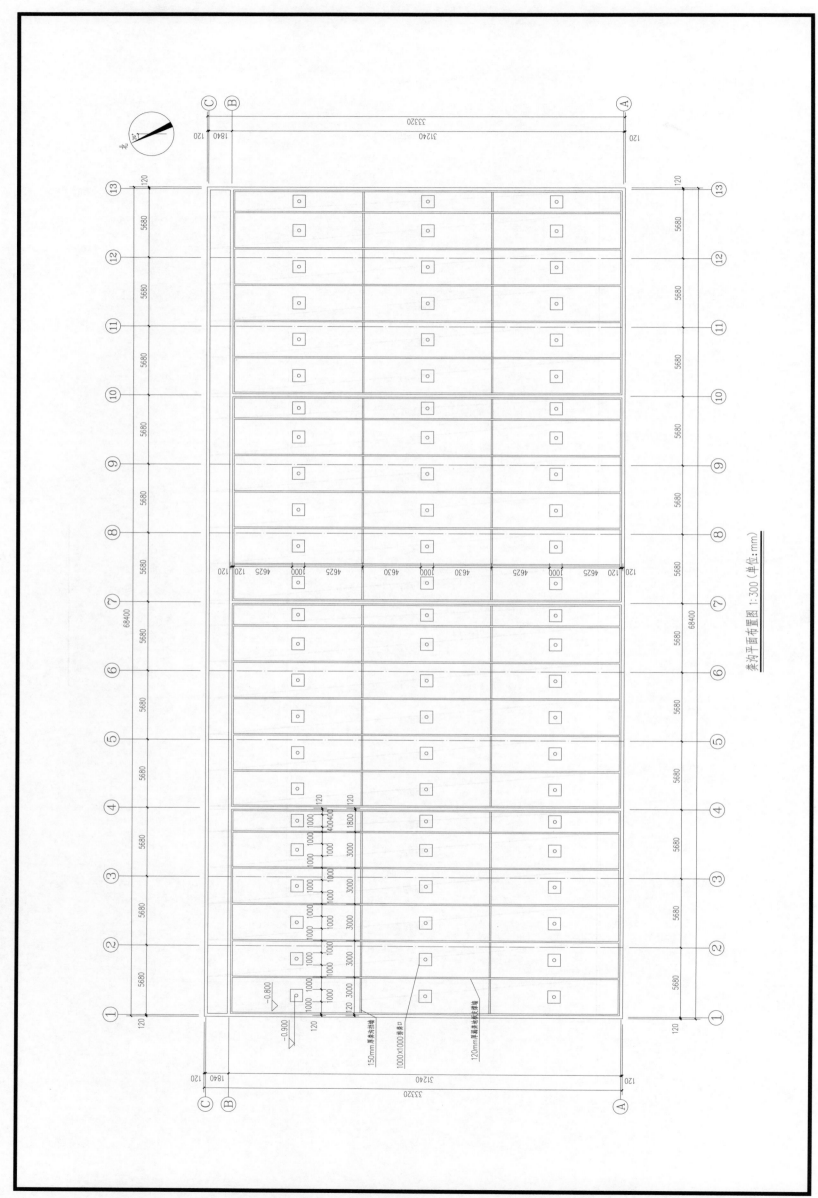

粪沟平面布置图 1:300（单位:mm）

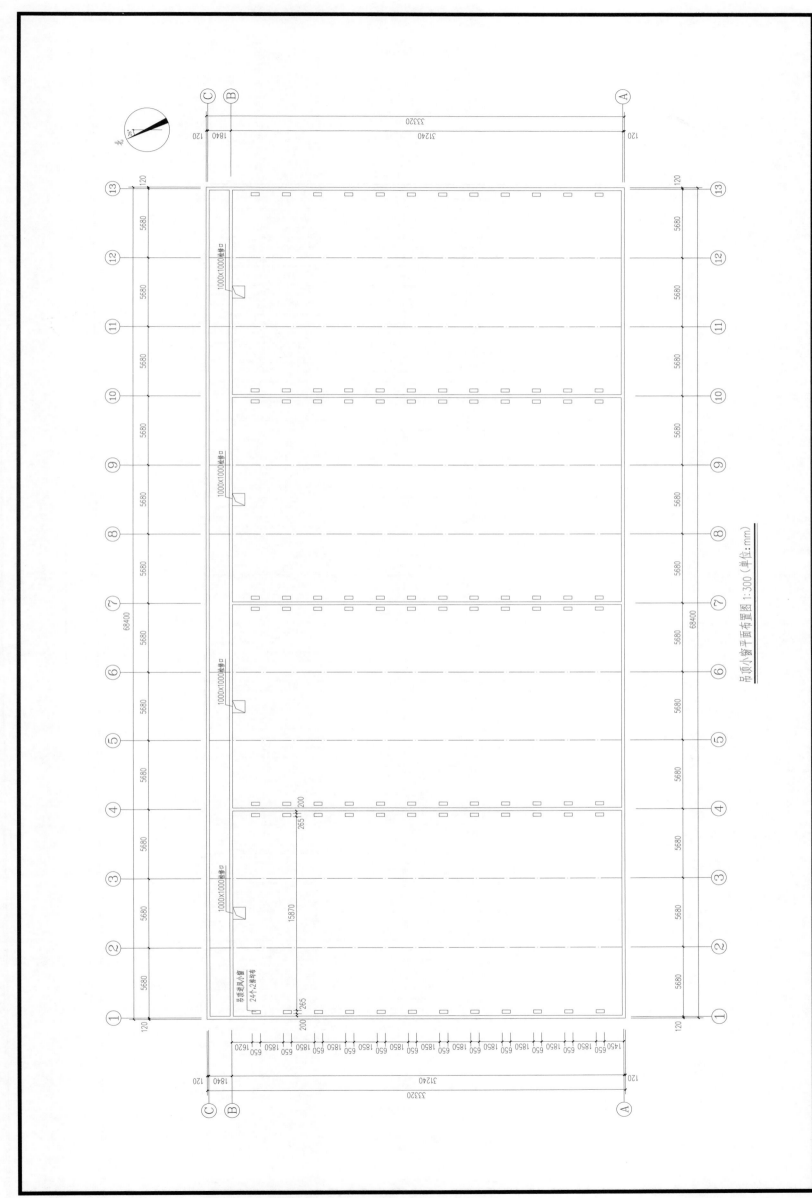

吊顶小窗平面布置图 1:300（单位:mm）

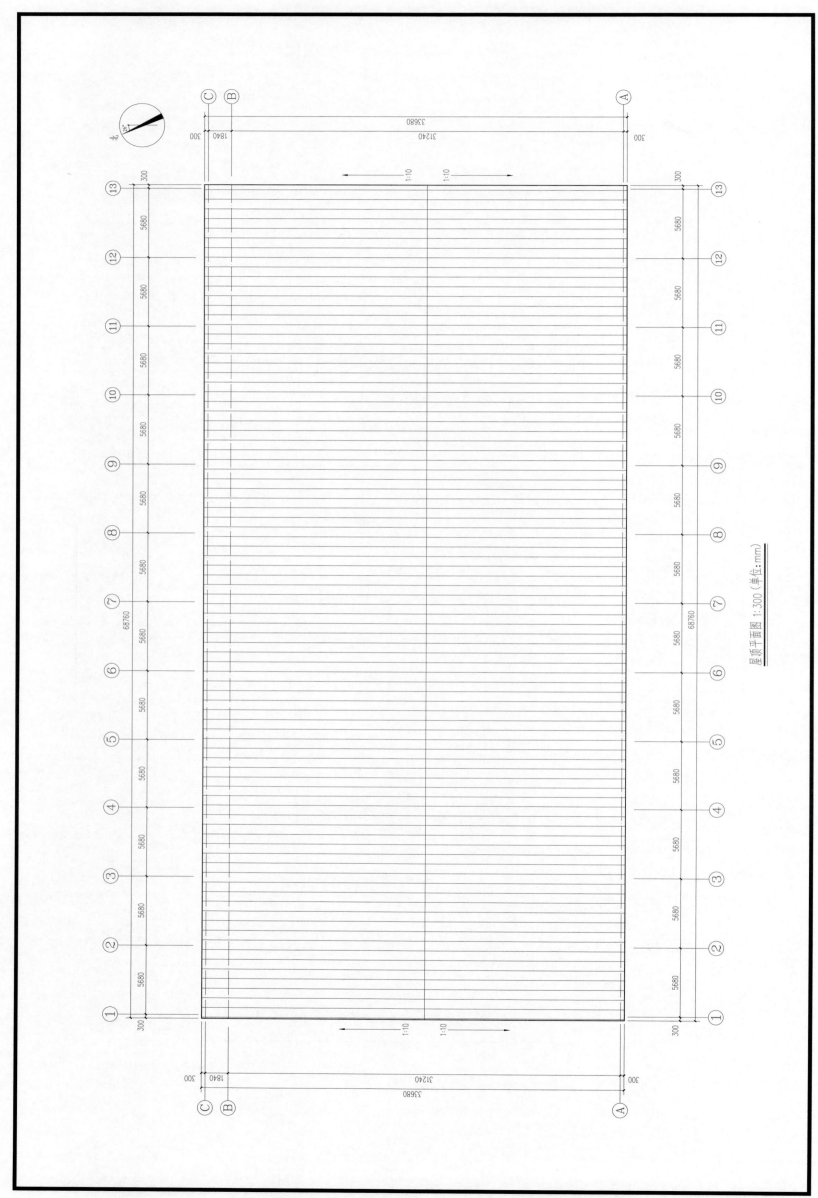

屋顶平面图 1:300（单位:mm）

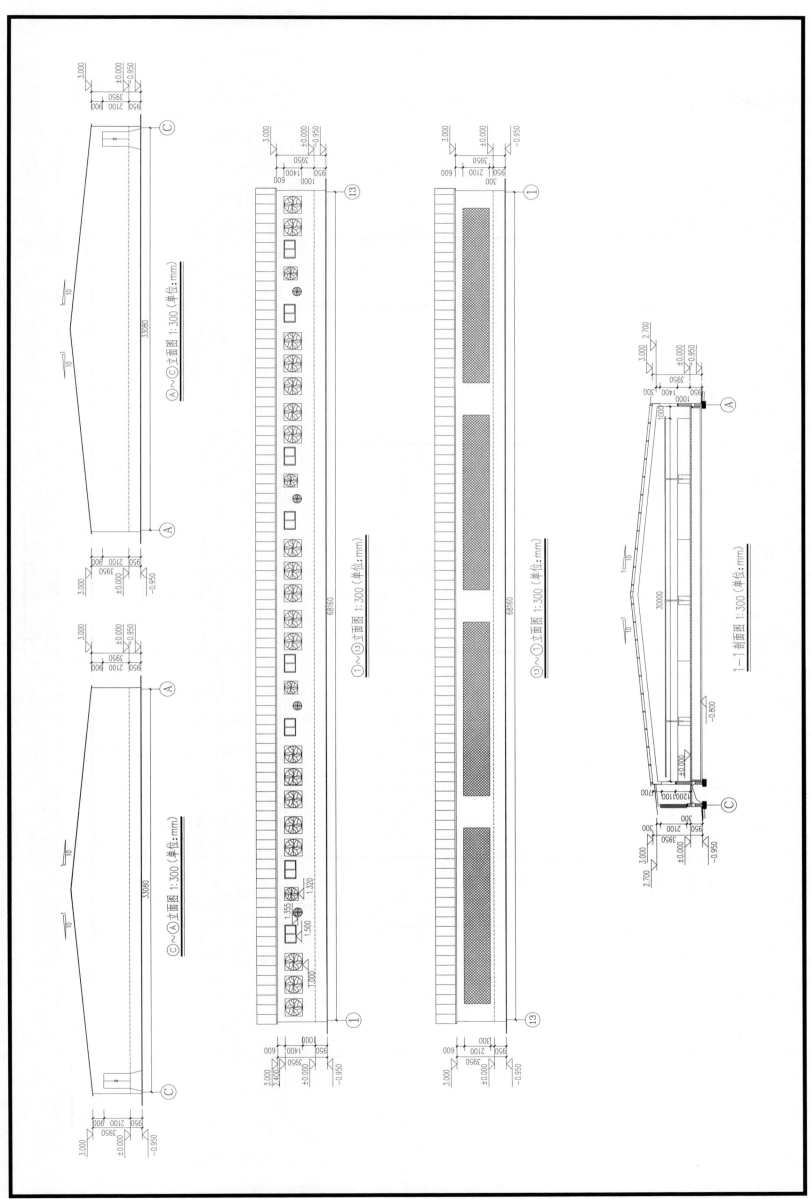

Ⓒ~Ⓐ立面图 1:300（单位：mm）

Ⓐ~Ⓒ立面图 1:300（单位：mm）

①~⑬立面图 1:300（单位：mm）

⑬~①立面图 1:300（单位：mm）

1—1剖面图 1:300（单位：mm）

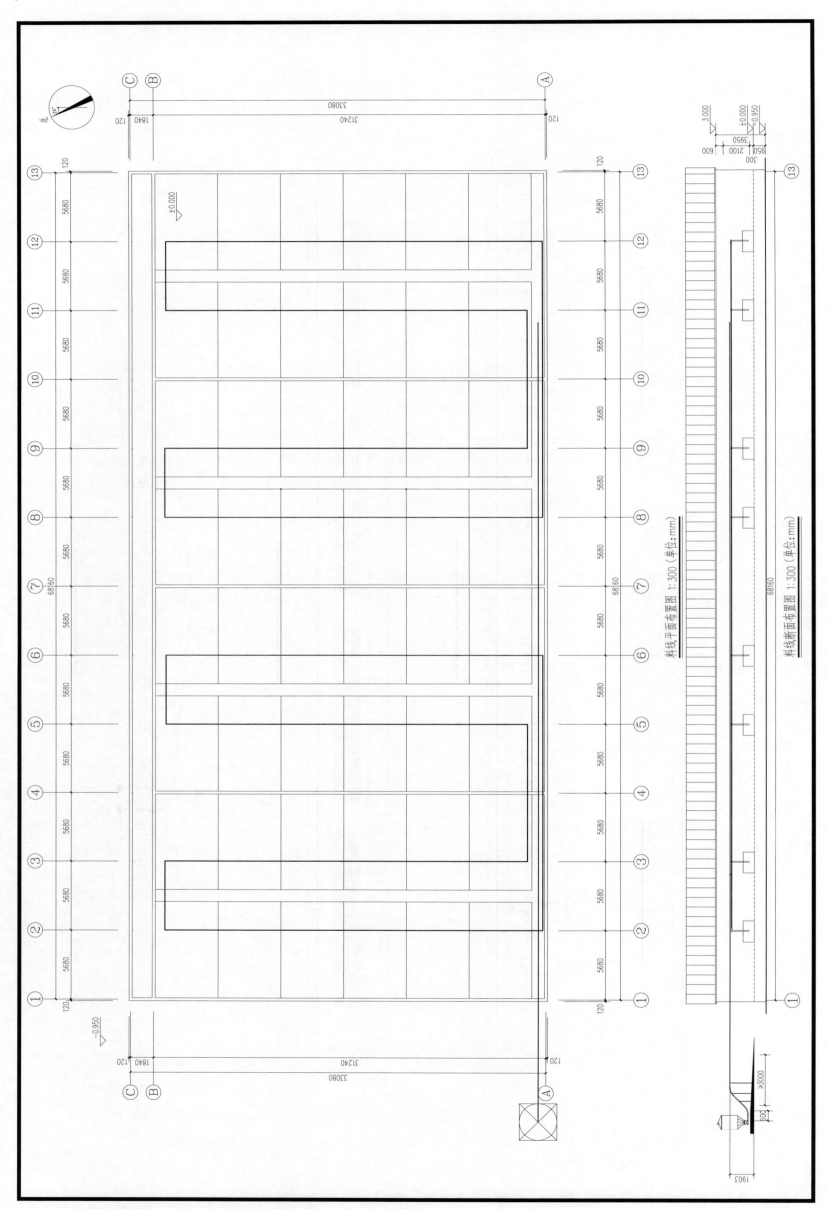

料线平面布置图 1：300（单位：mm）

料线断面布置图 1：300（单位：mm）

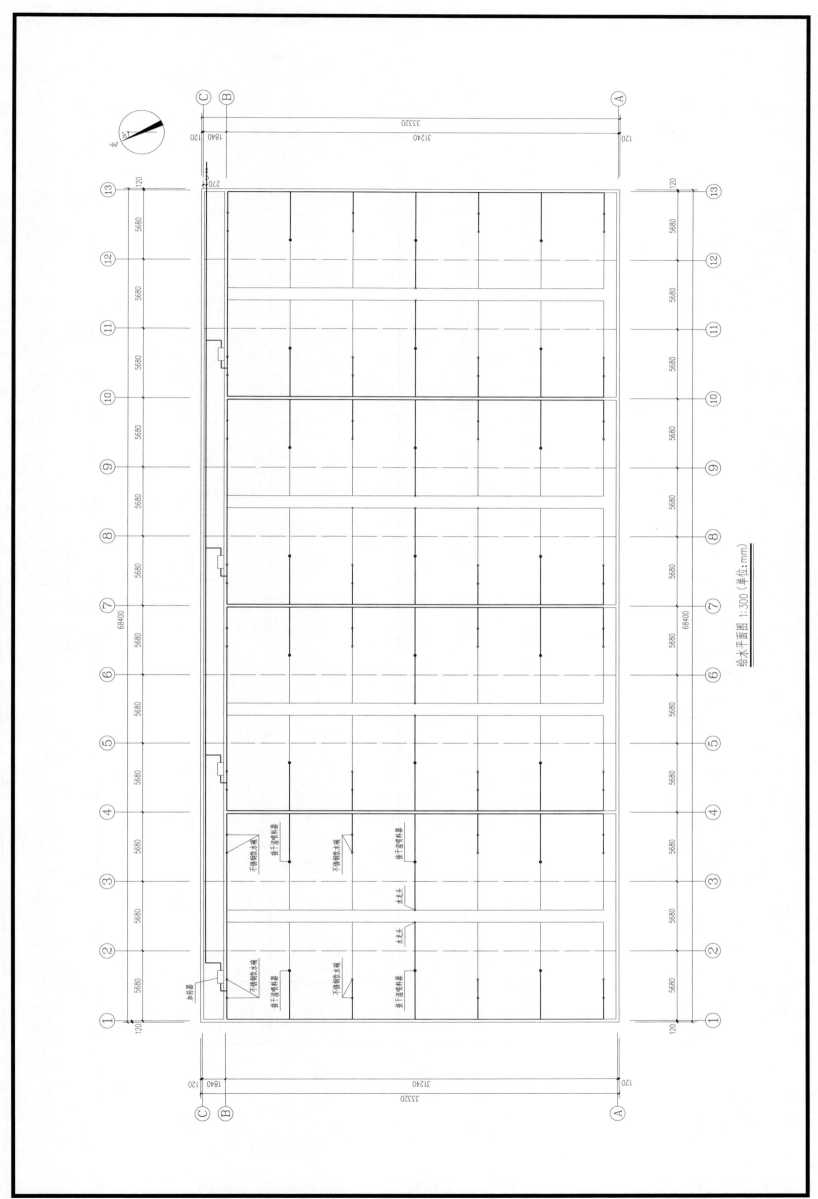

给水平面图 1:300（单位:mm）

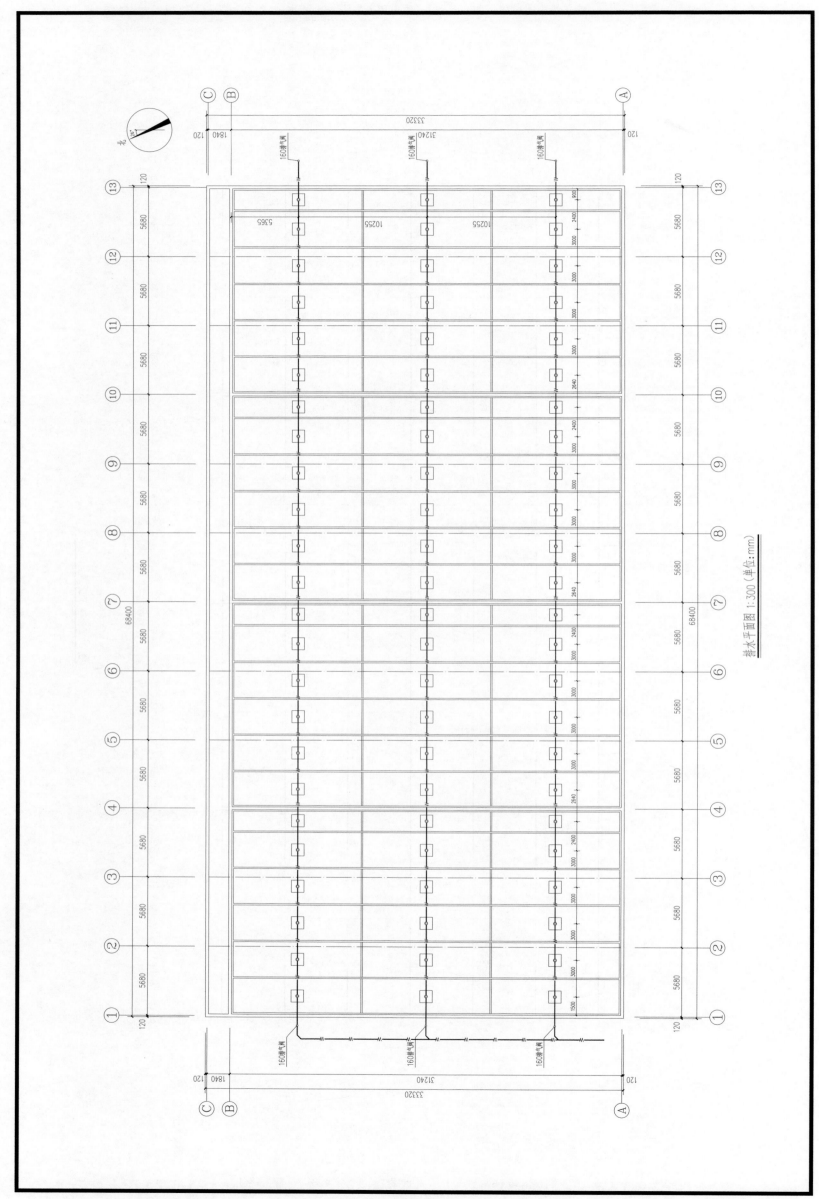

排水平面图 1:300（单位：mm）

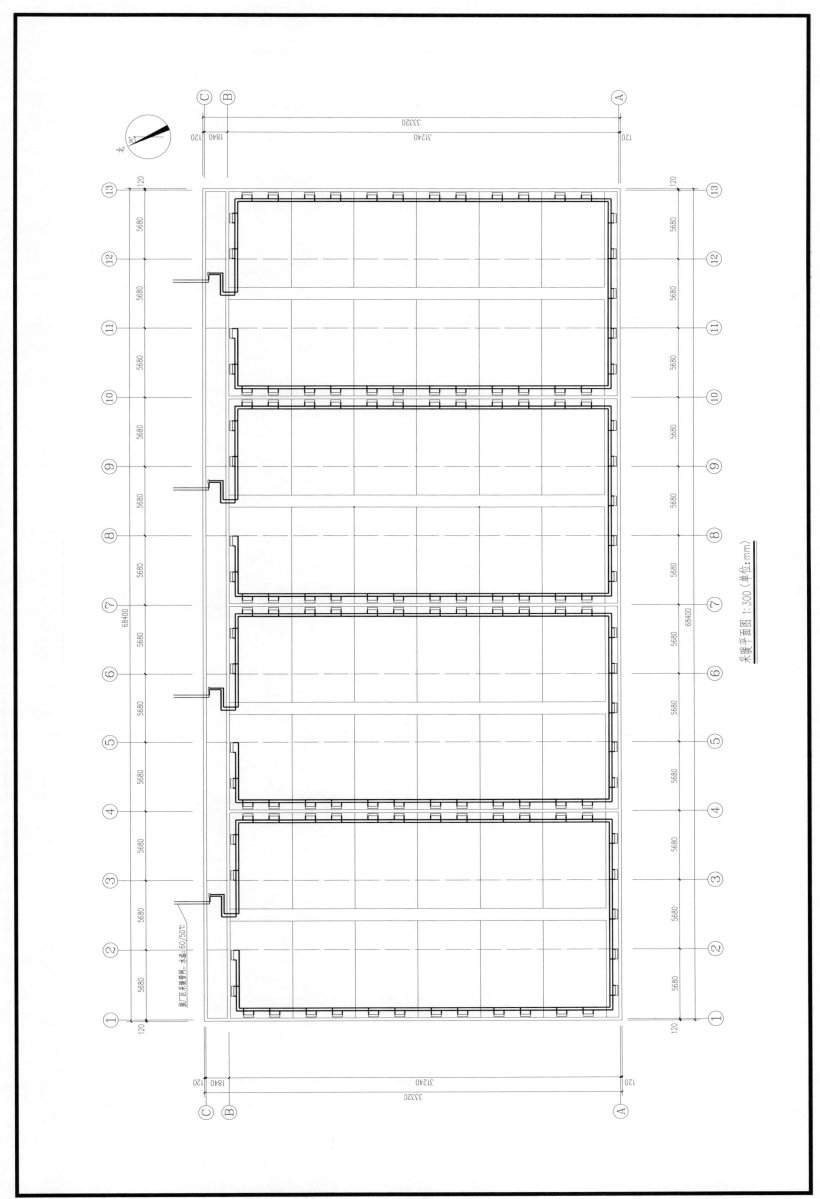

采暖平面图 1:300（单位：mm）

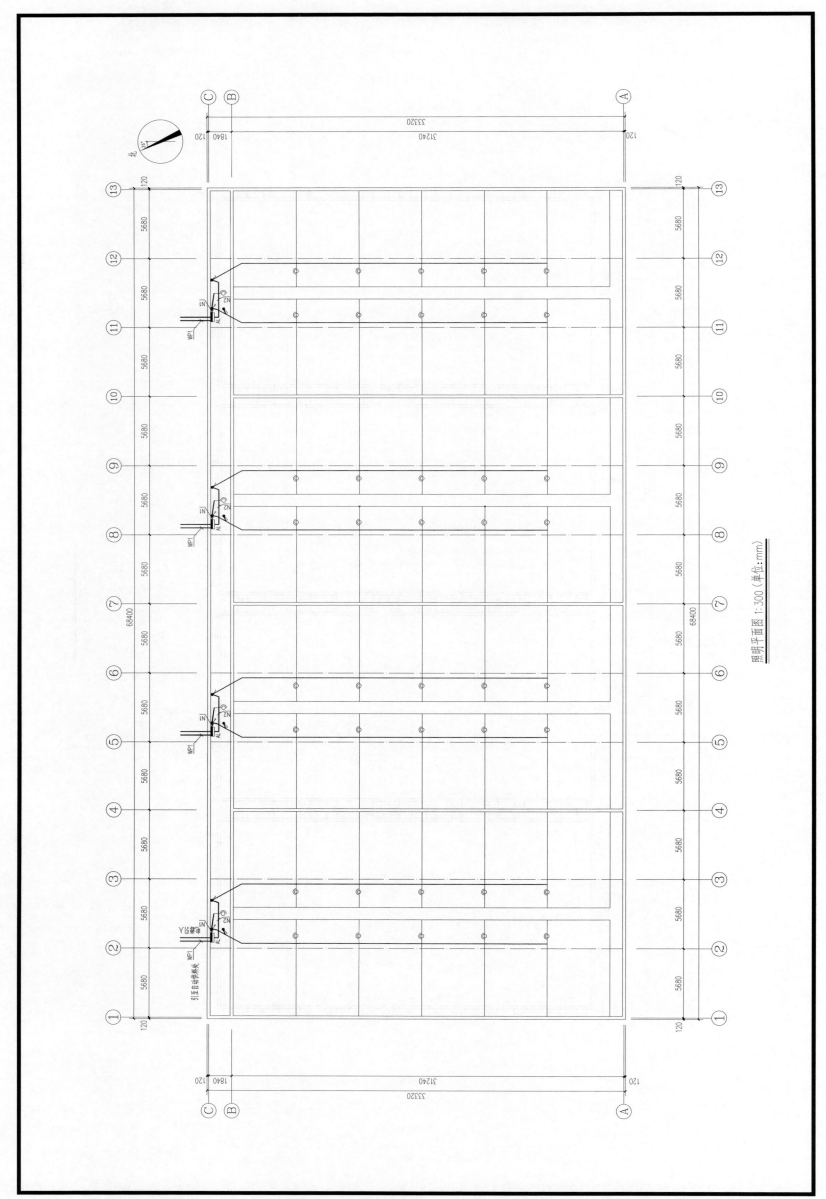

照明平面图 1:300（单位:mm）

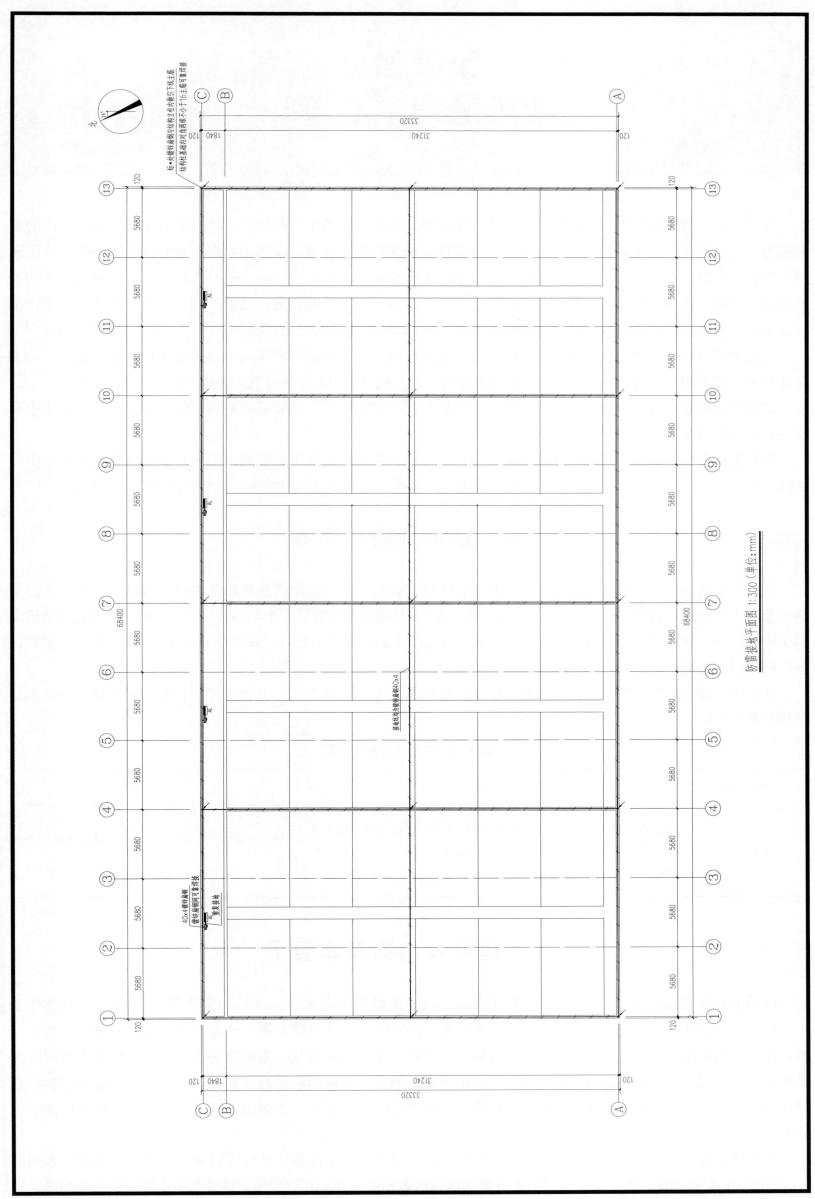

防雷接地平面图 1:300（单位：mm）

第三部分
猪场洗消中心设计

受污染的运输车辆会迅速传播疾病，为了有效断绝运输车辆传播疾病的风险，提高生猪生产者和运输商的盈利能力，目前行业内主要采取分级洗消的方式对畜禽运输车辆进行处理。洗消主要环节包含清洗、消毒、沥干和烘干等，其中烘干环节主要是针对非洲猪瘟病毒等微生物的灭活需要而设计，一些只在场区内部固定范围活动的车辆可不做烘干处理。为防范病原性微生物传播，所有运输车辆必须都要进行洗消处理。受非洲猪瘟的影响，很多养殖企业非常重视洗消中心的设置。目前，比较认同的洗消中心分为三个层次，包括：

一级洗消中心：也称为区域级洗消中心，为区域范围内所有进出畜禽养殖场、饲料加工厂、屠宰加工厂及无害化处理厂的车辆及人员进行集中清洗、消毒的场所。经一级洗消中心处理后的车辆应无肉眼可见的污物。

二级洗消中心：为进出指定畜禽养殖场、饲料加工厂、屠宰加工厂或无害化处理厂的车辆及人员进行集中清洗消毒、烘干消毒的场所。

三级洗消中心：建设于畜禽养殖场、饲料加工厂、屠宰加工厂或无害化处理厂出入口或场（厂）区外的中转区域，为进出场（厂）区的车辆及人员进行清洗消毒的场所。各场（厂）根据实际需要配套建设烘干设施。

一、建设规模与内容

洗消中心建设规模应根据当地畜禽养殖规模、防疫群体数量、运输距离和道路条件等合理确定。当日洗消车辆数量小于 10 辆，宜建设单通道洗消中心（一洗一烘）；日洗消车辆数量大于 10 辆，小于 20 辆，宜建设双通道洗消中心（二洗一烘）；日洗消车辆数量大于 20 辆，宜建设多通道洗消中心（三洗二烘或四洗二烘）。也可根据畜牧业发展规划，分期扩建车辆消毒通道。

洗消中心建设内容包括生产设施及配套设施，建设内容可参考表 3-1，具体工程应根据工艺设计、服务半径车辆数量及实际需要建设。

表 3-1　洗消中心建设内容

项目名称	生产设施	辅助设施
建设内容	洗车房、烘干房、物品消毒通道、设备间，物料间、衣物清洗干燥间、检测化验室、污水处理池、人员消毒通道、污区停车场、净区停车场等	档案资料室、监控室、值班室、变配电室、卫生间等

二、建筑及结构基本要求

洗消中心各功能用房宜为单层，其中洗车房、烘干房檐高不应低于 5.00m，车辆进出门口高度不应低于 4.50m。各功能用房屋面应采取保温隔热和防水措施，内墙面应平整光滑、便于消毒。建筑耐火等级不应低于二级，内装修应采用防火、节能、环保型装修材料，外装修宜采用不易老化、阻燃型装修材料。车辆及人员应从污区向净区单向流动，设置必要的设施或措施，防止净区车辆及人员向污区逆向流动。洗消房地面和墙面应做防水处理和防腐蚀处理，地面应防滑、耐腐蚀、耐摩擦，表面光洁不起灰尘，墙面应易清洗、易消毒，地坪应高于室外地坪。

洗消房和烘干房应根据车辆尺寸和工作所需空间综合设计。人工洗消房长度宜按照最大进场车辆前后各预留 2.00~3.00m，自动洗消房长度宜按照最大进场车辆前后各预留 4.00m；双（多）通道车辆洗消间应合并建设。烘干房长度宜按照最大进场车辆前后各预留 2.00~3.00m。车辆洗消间宜在前轮地面处设置倾斜台等设施，使车身与地面产生 3%~5% 的角度，同时设置防止污水外溢的措施。人工清洗车辆洗消间应在车辆停靠位置两侧设置人员清洗操作平台，平台宽度宜为 1.00~1.20m，平台高度宜为 2.40~2.70m，平台起始位置分别设置楼梯，楼梯倾斜角度不大于 45°，平台及楼梯应设置安全栏杆，栏杆扶手的高度不小于 1.10m。

洗消中心各功能用房的结构设计使用年限应采用 50 年，结构安全等级为二级，抗震设防类别为标准设防类。烘干房宜采用砌体结构，可采用混凝土框架结构或轻钢结构，要考虑高温高湿对结构的不利影响。洗消房和其他功能用房可采用轻钢结构、混凝土框架结构或砌体结构，要考虑清洗剂对结构的腐蚀性，以及干湿交替对结构带来的不利影响。

三、车辆洗消流程要求

（一）加拿大活猪运输车辆洗消流程

加拿大养猪业健康委员会、加拿大农业部（Agriculture and Agri - Food Canada）制定并发布的关于《活猪运输车辆清洗/消毒/干燥操作规程手册》，针对生猪运输车辆清洗消毒包含如下步骤：

1. 清理

将车辆驶入预处理车间，取出所有物品进行清洗消毒并烘干后再放回干净的车辆中。从车辆最高处开始，清理车辆外表面的积垢，重点清理轮子、挡泥板、底盘等部位。使用铲子等工具尽可能刮尽车辆内表面、地板上脏污。用清水将车辆整体打湿。

2. 预清洗

高压水枪使用冷水或温水对车辆进行完全冲洗，确保车辆表面无肉眼可见的碎屑。

3. 洗涤剂清洗

将车辆驶入清洗车间，使用中性或碱性洗涤剂按照产品说明书建议配制比例勾兑好，用泡沫枪将洗涤剂涂满车身，作用时间不少于 10min。然后，选择性使用酸性洗涤剂清除车辆表面矿物。

4. 高压冲洗

使用高压水枪对车辆进行全面彻底冲洗，清除车身污染物及洗涤剂后，进行适当的控干处理。

5. 消毒

将车辆驶入消毒车间，用消毒剂对车辆表面全面消毒，20℃环境中消毒剂与车身接触时间不少于 10min，环境温度较低时适当延长接触时间。

6. 再次冲洗

为去除车辆表明消毒剂，需要二次冲洗。

7. 干燥

防止过湿环境细菌快速滋生，对车辆进行自然风干或机械烘干。自然风干时，将车辆停放在坡度不小于 2% 的斜坡上，通过自然通风和阳光照射来完成干燥。机械烘干需要将车辆停放在独立的烘干房中，使用烘干机械加热到 55℃ 及以上完成干燥。机械烘干对于消灭病毒十分有效，但是烘干过程中能耗过高，极易引起车辆自燃。

8. 清理驾驶室

将驾驶室内所有物体取出，对于司机接触过的任何表面或物体进行全面清洗消毒和干燥后再放回原处。

（二）基于微酸性电解水的车辆高压洗消流程

传统冲洗消毒流程步骤烦琐，耗时长、能耗大，大量使用化学消毒剂和洗涤剂，不利于环境保护。中国农业大学依据长期研究结果，将微酸性电解水与高压冲洗技术融合使用，替代和取消传统洗消方案中的泡沫洗涤、二次冲洗及消毒等多个环节，结果表明能够达到相同效果，将洗消流程由"四段式"作业简化为"三段式"作业（图 2-2、图 2-3）。

1. 洗消作业参数

使用微酸性电解水高压冲洗消毒技术对畜禽运输车辆进行洗消作业的工艺参数组合：冲洗压力 17MPa、有效氯浓度 200mg/L、冲洗时间 20s、冲洗后停留作用时间 15min。

2. 配套设备

（1）电解水制备系统　在设备选型时，应满足每日畜禽运输车辆清洗消毒的最低用药量。以每日作业时间16h，完成48辆运输车清洗消毒为例，每日需有效氯浓度200mg/L的电解水量为14400L，可选择2台每小时生成300L的微酸性电解水设备和容量为5000L的储药桶，每天制水16h，再稀释1.5倍后备用。

（2）高压冲洗系统　可选择连续射流高压冲洗系统设备，设备主要参数见表3-2。

表3-2　设备主要参数

设备名称	性　能	数　值	备　注
高压水泵	额定输出功率（kW）	15	
	额定转速（r/min）	1400	最小转速
	风量（m³/h）	650	
	风压（Pa）	65	
	额定电流（A）	0.35/0.2	
	风险等级	IP55	
高压水枪	喷头型号	45	
	流量（L/min）	15	

3. 工艺流程

基于微酸性电解水的车辆高压洗消中心消毒系统工艺流程见图3-1。

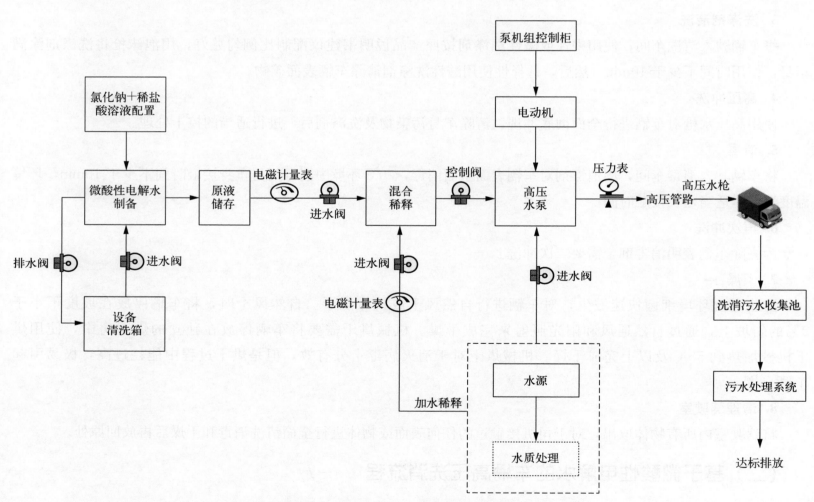

图3-1　微酸性电解水高压冲洗消毒系统工艺流程

4. 基于微酸性电解水的车辆高压冲洗操作程序

图3-2是基于微酸性电解水的车辆高压冲洗操作程序，主要包括以下步骤：

（1）粗洗作业　将车辆驶入预处理车间，将运输车辆上的所有可拆卸物品取出后，单独进行清洗消毒并烘干后再放回干净的车辆中，并且从车辆最高处开始，清理车辆外表面上的积垢和积雪，重点清理轮子、挡泥板和底盘等难以清洗的部位。对于污垢较厚的车辆内外表面可使用铲子等工具尽可能多地刮掉地板上的脏污，用肉眼检查车辆表面是否仍残存碎屑等污垢。最后在预处理车间使用清水将车辆整体打湿。

（2）微酸性电解水高压冲洗消毒　将车辆驶入清洗车间，使用高压设备喷射压力为 170Bar、有效氯浓度为 200mg/L 的微酸性电解水进行全面冲洗消毒，冲洗后停留作用 15min。冲洗完成后采用目测方式检查表面是否仍存在粪便或其他污垢。

（3）沥水干燥　将车辆驶入干燥车间，通过车间内坡度大于 2% 的停放斜坡进行沥水和自然风干，为防范多种未知性病毒微生物传播，对于进出场区内外的车辆还需使用烘干机械加热到 55℃，持续 30min 以上干燥操作。值得注意的是，对于仅在场内活动的运输车辆，经微酸性电解水高压冲洗后，可不做机械烘干处理。处理完成后使用接触皿在车身进行随机采样留存。

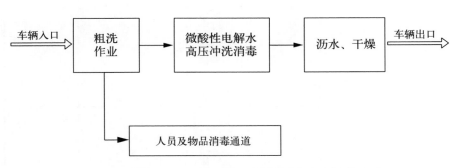

图 3-2　微酸性电解水高压冲洗车辆洗消操作程序

图 3-3　洗消房内景

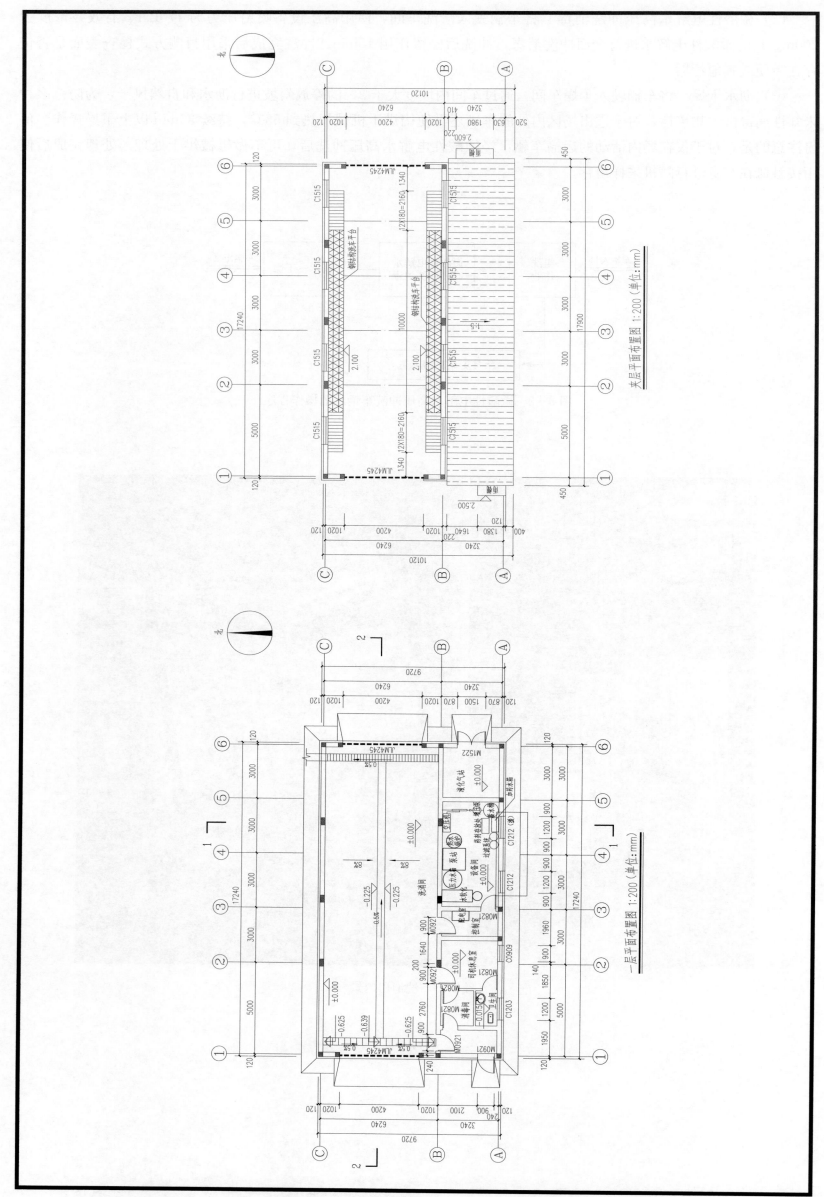

夹层平面布置图 1:200（单位:mm）

一层平面布置图 1:200（单位:mm）

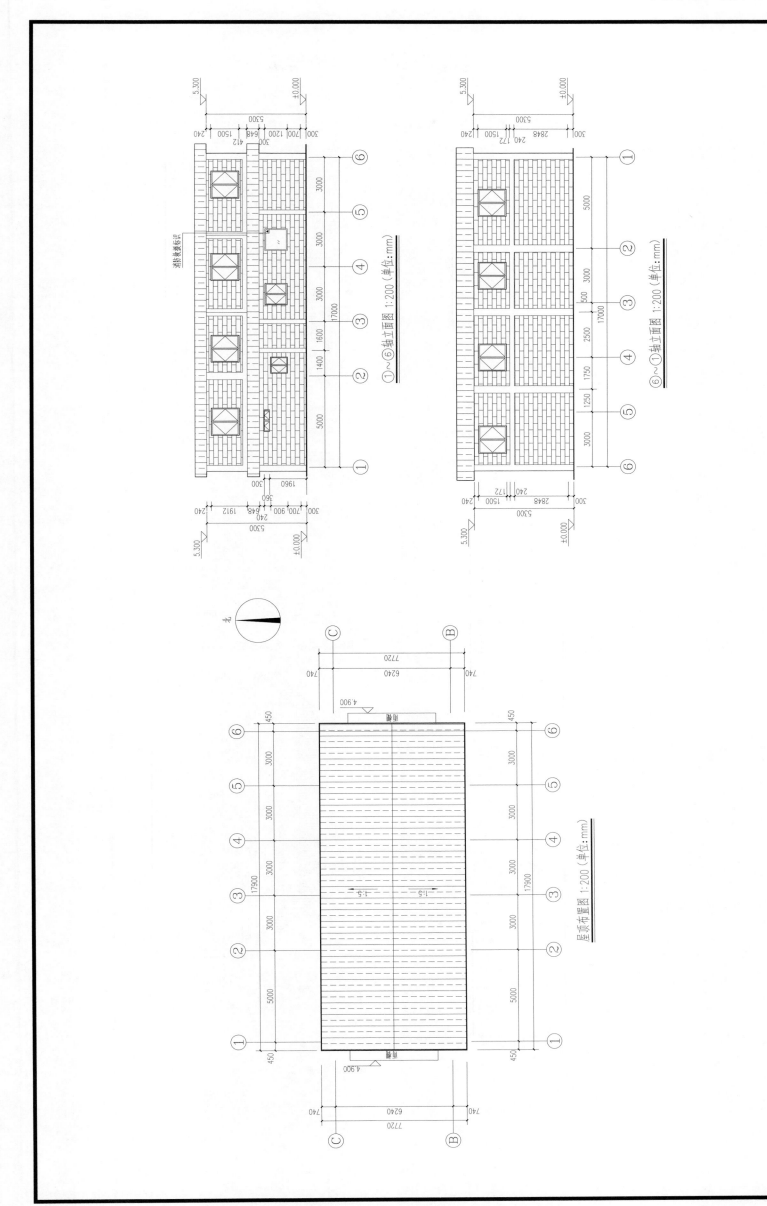

①~⑥轴立面图 1:200（单位：mm）

⑥~①轴立面图 1:200（单位：mm）

屋顶布置图 1:200（单位：mm）

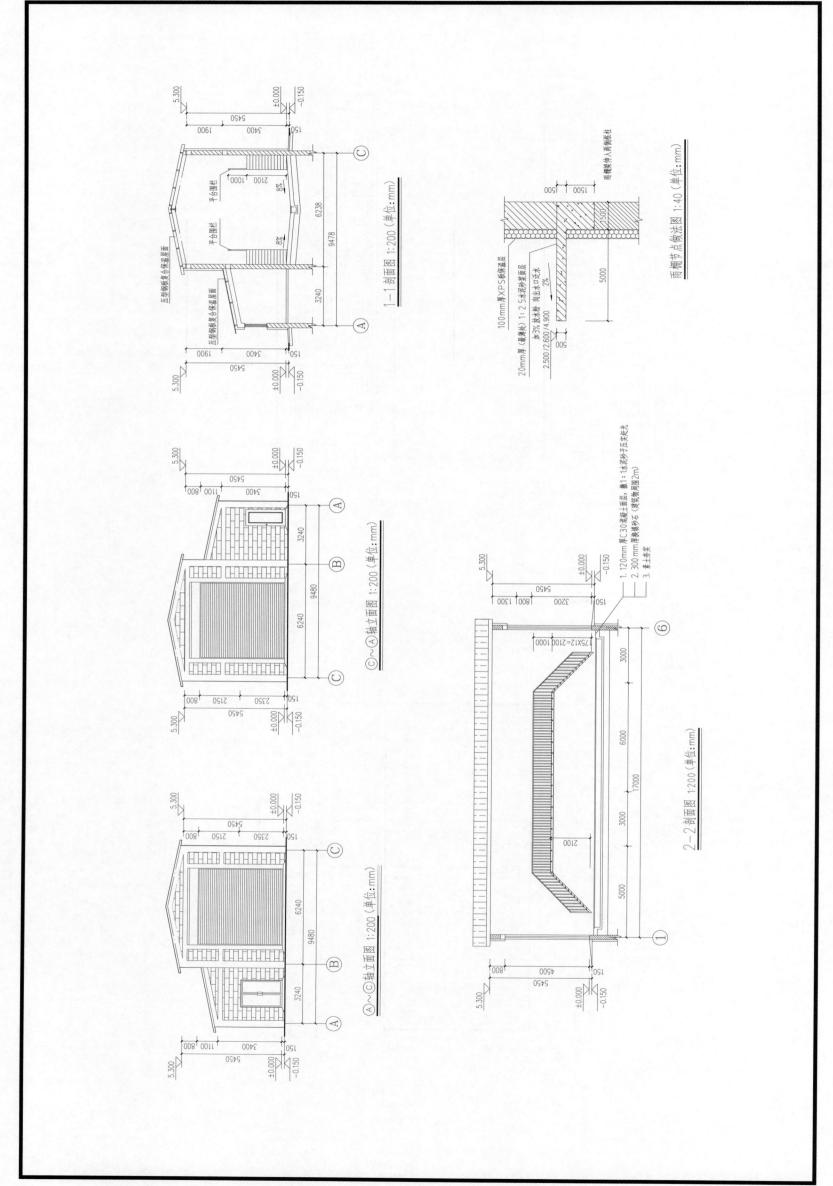

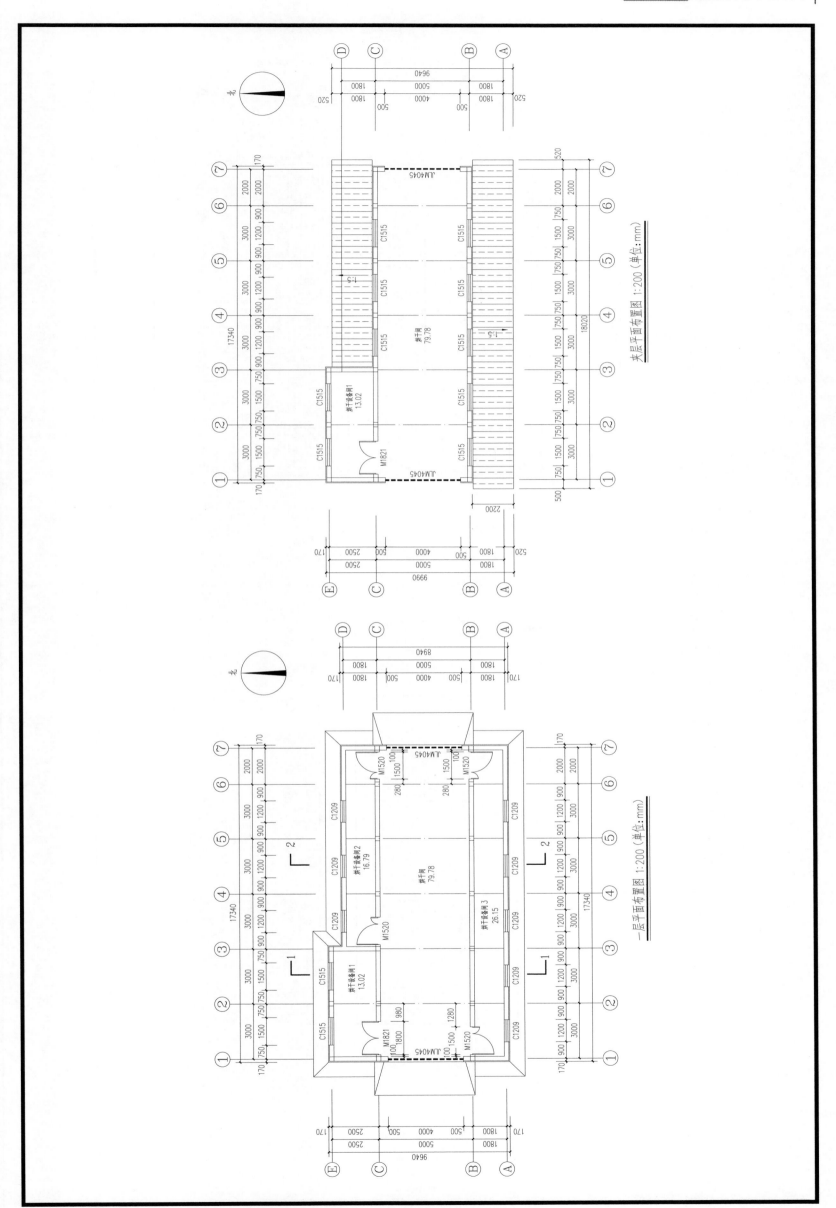

夹层平面布置图 1:200（单位：mm）

一层平面布置图 1:200（单位：mm）

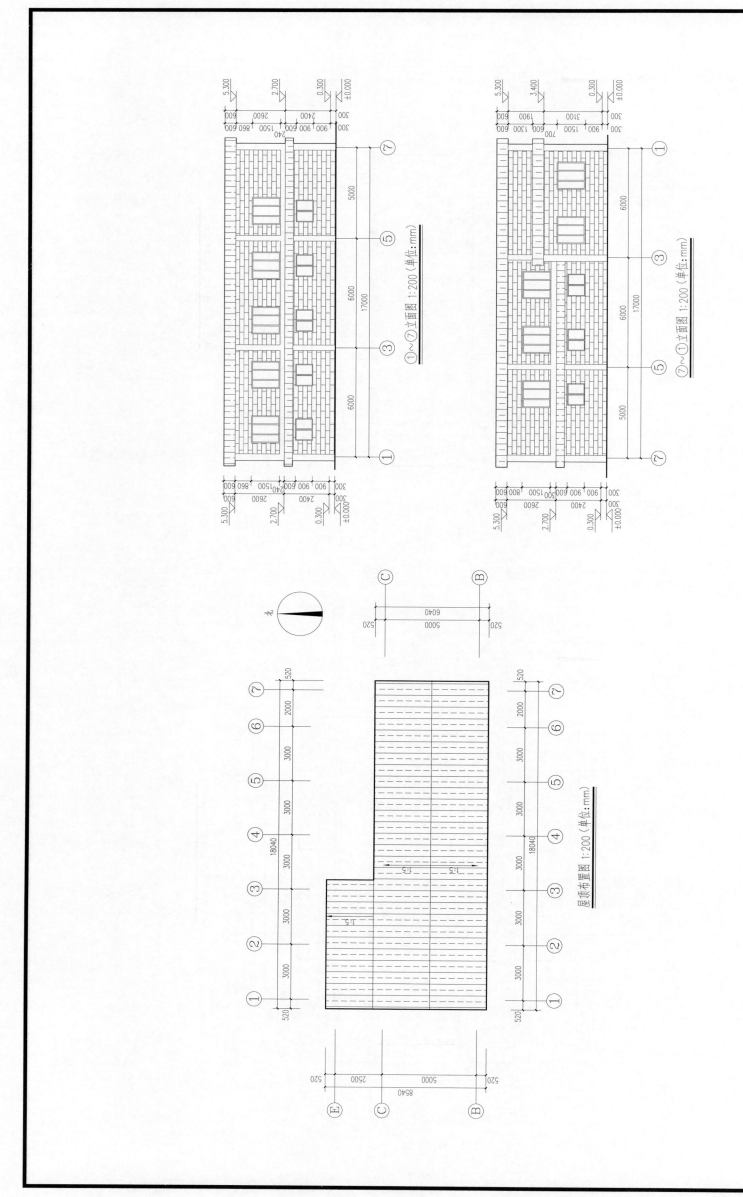

①～⑦立面图 1:200（单位：mm）

⑦～①立面图 1:200（单位：mm）

屋顶布置图 1:200（单位：mm）

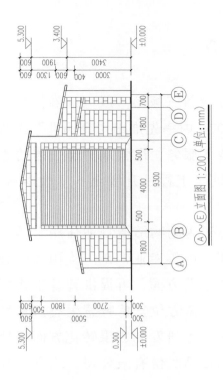

A～E立面图 1:200（单位：mm）

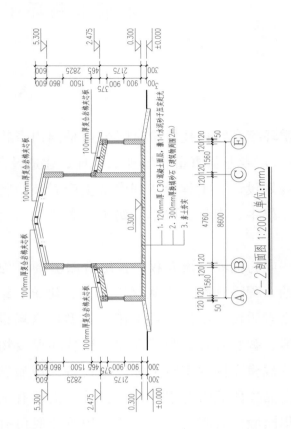

2-2剖面图 1:200（单位：mm）

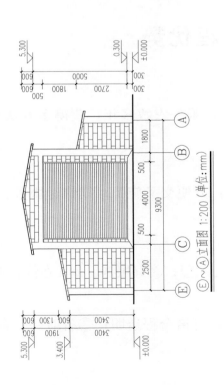

E～A立面图 1:200（单位：mm）

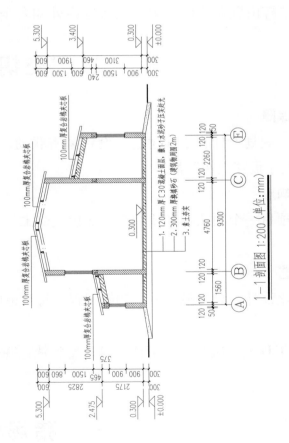

1-1剖面图 1:200（单位：mm）

附录　为动物缔造舒适生活

——北京京鹏环宇畜牧科技股份有限公司

一、公司简介

北京京鹏环宇畜牧科技股份有限公司是国内畜牧设施装备领域新三板第一股（证券简称：环宇畜牧，证券代码：430287），专业从事畜牧场规划设计、建造及装备供应，在业内率先推出"交钥匙"工程服务，提供从畜牧场选址、规划设计、工程建造到设备生产安装、管理培训、技术服务、运营维护于一体的畜禽场建设解决方案（包括猪、奶牛、肉牛、肉羊、奶羊、禽等）。目前，"交钥匙"工程已升级至6.0版本——e＋智慧生态畜禽场。

公司以"成为世界一流农牧科技综合服务商"为愿景，致力于为动物缔造舒适住居生活。在规划设计方面成立有专业的工程设计院，团队涵盖工艺、建筑、结构、水、暖、电等专业，是一支由畜牧师、建筑师、结构师等组成的高素质设计队伍，可承接各类型畜禽场设计；在生产运营方面，可提供智慧生物安全管控、智慧生产、智慧饲喂、智慧管理、智慧环控、智慧环保及物联网等系统，全方位支持智慧生态畜禽场交钥匙工程；产品种类和经营规模在国内畜牧工程设施设备领域属领先水平，在技术研发和成果转化方面均处于行业前列。目前，与温氏食品集团股份有限公司、新希望集团有限公司、天邦食品股份有限公司、北京首都农业集团有限公司、唐人神集团股份有限公司、江苏立华牧业股份有限公司、广东壹号食品股份有限公司、湘村高科农业股份有限公司、山西长荣农业科技股份有限公司、连云港北欧农庄生猪养殖有限公司、新疆天康饲料科技有限公司、四川铁骑力士实业有限公司、内蒙古伊利实业集团股份有限公司、光明集团股份有限公司、黑龙江飞鹤乳业有限公司、辽宁辉山乳业集团有限公司等国内外知名企业建立了长期战略合作。

二、"交钥匙"工程优势

1. 多重保障

① 工艺、规划设计、工程建造、设备紧密联动；②多年经验：服务农牧多年，获得多方认可；③多个专业：不同专业型人才贯穿交钥匙始终。

2. 快速响应

① 一个项目一个团队，专项对接；②快速交工：多部门联动，方便交叉施工；③快速服务：发现问题，极速回应。

3. 好工艺

① 定制化设计，只为最合适；②好工程：每日追踪，保证匠心工程；③好服务：24h在线，服务自始至终；

4. 省心

① EPC工程，一次签约，责任终身；②省钱：降低招标费用，价格全程透明；③省时间：合理安排施工，全盘协调进度。

三、猪场核心技术装备

1. 智能生物安全管控系统

在猪场设计方面，京鹏环宇畜牧始终坚持安全性、专业性、系统性和目标性四大理念，其中安全性被放在首位。猪场生物安全是指对危害猪群健康的一切因素进行控制，以保证猪场安全高效运转。京鹏环宇畜牧生物安全设计包括场址选择、洗消中心设计、分流处理设计和分区设计四个方面，建立了"三级洗消（车辆、物资、人员洗消中心）、四级分区和五流控制"体系，捍卫猪场生物安全。

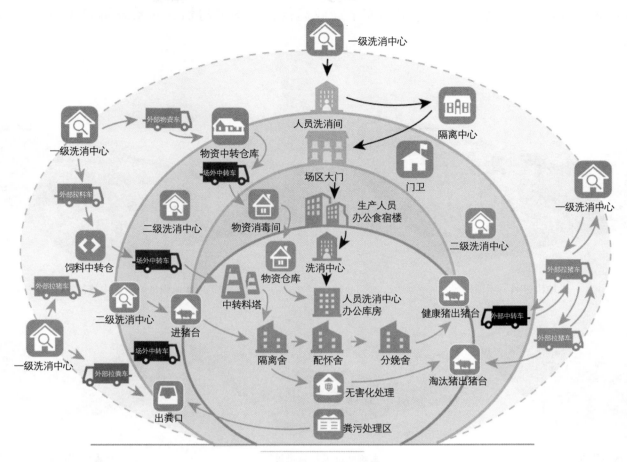

▲智能生物安全管理系统

2. 智能饲喂系统

京鹏环宇畜牧根据各阶段猪只特点，推出一套科学完整、针对性强的智能饲喂整体解决方案。如适用于后备和配怀母猪的智能饲喂站系统；适用于分娩母猪的哺乳母猪智能饲喂管理系统；适用于保育猪和育肥猪的液态料智能饲喂系统。

▲智能饲喂站

▲液态料智能厨房

▲液态料在保育猪舍的应用

▲集中供料系统

3. 智能环控系统

京鹏环宇畜牧能够提供环境控制系统整体解决方案，满足不同生长阶段猪只对温度、通风、湿度等的要求，有效去除舍内有害气体，尘埃和病原，保障猪场安全高效运行。系统可与物联网系统协同作用，达到智能调控猪舍环境的效果。

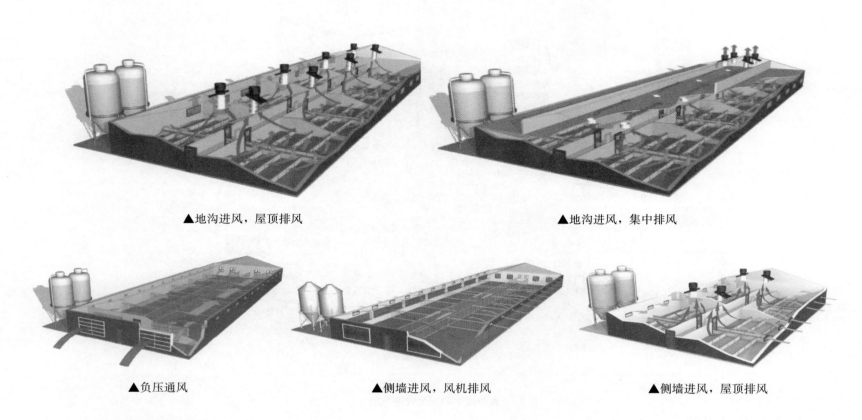

▲地沟进风，屋顶排风　　　　　　　　　　　　　　　　▲地沟进风，集中排风

▲负压通风　　　　　　　▲侧墙进风，风机排风　　　　　　　▲侧墙进风，屋顶排风

4. 粪肥处理利用系统

京鹏环宇畜牧采用"三步走"的方式对猪场粪污进行处理利用。在收集环节，倡导"水泥漏缝地板＋虹吸管道尿泡粪"或机械刮板清粪系统，对粪污进行源头减量；在处理环节，对收集到的粪污进行固液分离，再分别加工成有机肥。在利用环节，推荐固体施肥车和高效管路液体施肥系统将粪肥有机肥施撒到农田，最终达成促进种养循环、保护生态环境、提高养殖附加效益的目标。

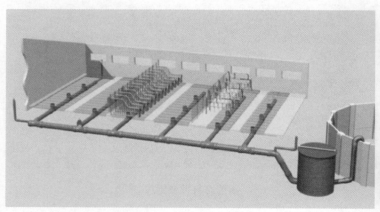

▲虹吸管道尿泡粪系统

▲固液分离

▲液体有机肥高效发酵存储塘

▲高效管路液体施肥系统

▲高效管路液体施肥系统设计

▲高效管路液体施肥系统建设

▲固体粪肥高效发酵系统

▲固体粪肥高效施用

京鹏环宇畜牧

▲官方微信平台

▲官方抖音平台

图书在版编目（CIP）数据

现代化商品猪场设计案例图集／施正香主编．—北京：中国农业出版社，2021.12
ISBN 978 - 7 - 109 - 28892 - 8

Ⅰ.①现…　Ⅱ.①施…　Ⅲ.①养猪场—设计—图集
Ⅳ.①S828 - 64

中国版本图书馆 CIP 数据核字（2021）第 222999 号

中国农业出版社出版

地址：北京市朝阳区麦子店街 18 号楼
邮编：100125
责任编辑：周锦玉
版式设计：王　晨　　责任校对：吴丽婷
印刷：北京中科印刷有限公司
版次：2021 年 12 月第 1 版
印次：2021 年 12 月北京第 1 次印刷
发行：新华书店北京发行所
开本：787mm×1092mm　1/8
印张：16.5　　插页：4
字数：270 千字
定价：180.00 元

版权所有·侵权必究

凡购买本社图书，如有印装质量问题，我社负责调换。

服务电话：010 - 59195115　010 - 59194918

图 2-1　黑龙江抚远某猪场全貌

图 2-2　黑龙江抚远某猪场育肥舍屋顶风机

图 2-3　河北承德某猪场生长育肥舍内景

图 2-4 河北承德某猪场生长育肥舍侧墙风机

图 2-5 新疆若羌商品猪场全貌（效果图）

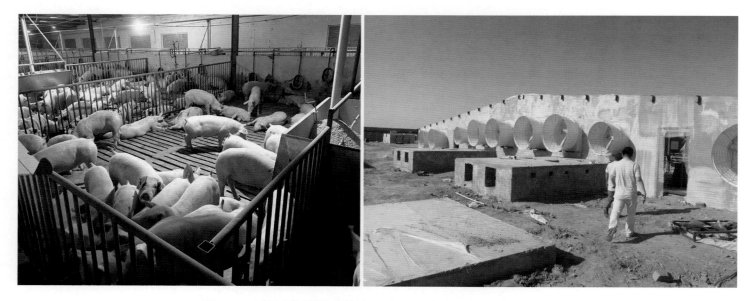

图 2-6 新疆若羌某猪场育肥舍内景和舍内地沟分级通风

图 2-7　湖北钟祥猪场全貌

a.保育舍

b.育肥舍

图 2-8　湖北钟祥保育和育肥舍内景

图 2-10　湖北钟祥猪舍消毒间

图 2-11　江苏连云港某猪场全貌

图 2-12　屋顶进风口

图 2-13　独立设计的环境控制走廊

图 2-14　海口某猪场育肥舍刮板清粪系统

图 2-17　贵州都匀猪场全貌

图 2-18　贵州都匀育肥舍内景

图2-19 贵州都匀育肥舍小窗进风系统

图3-3 洗消房内景

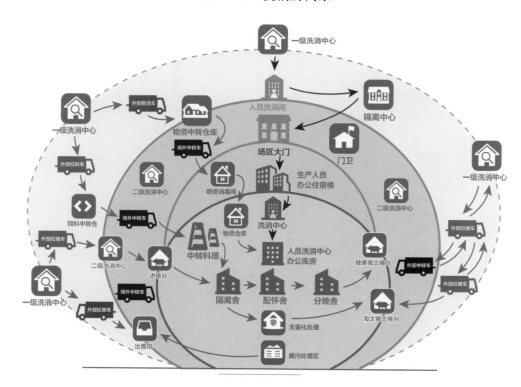

▲智能生物安全管理系统

▲智能饲喂站

▲液态料智能厨房

▲液态料在保育猪舍的应用

▲集中供料系统

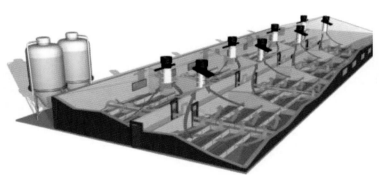

▲地沟进风，屋顶排风

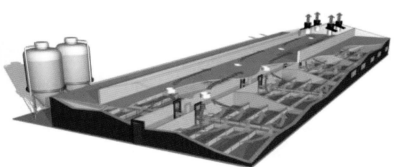

▲地沟进风，集中排风

▲负压通风

▲侧墙进风，风机排风

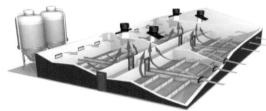

▲侧墙进风，屋顶排风

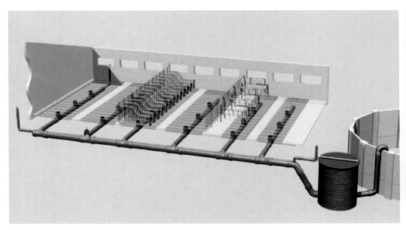

▲虹吸管道尿泡粪系统

▲固液分离

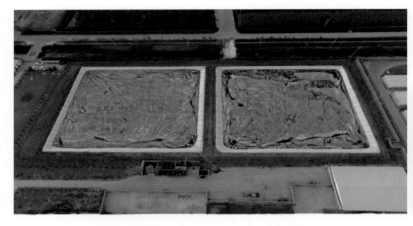

▲液体有机肥高效发酵存储塘　　　　　　　　▲高效管路液体施肥系统

▲高效管路液体施肥系统设计　　　　　　　　▲高效管路液体施肥系统建设

▲固体粪肥高效发酵系统　　　　　　　　　　▲固体粪肥高效施用